Ahmad Ismail Alhzzoury
Nathalie Raveu
Henri Baudrand

Adaptation de la méthode WCIP aux circuits SIW et SINRD

Ahmad Ismail Alhzzoury
Nathalie Raveu
Henri Baudrand

Adaptation de la méthode WCIP aux circuits SIW et SINRD

WCIP: Wave Concept Iterative Process

Presses Académiques Francophones

Impressum / Mentions légales

Bibliografische Information der Deutschen Nationalbibliothek: Die Deutsche Nationalbibliothek verzeichnet diese Publikation in der Deutschen Nationalbibliografie; detaillierte bibliografische Daten sind im Internet über http://dnb.d-nb.de abrufbar.

Alle in diesem Buch genannten Marken und Produktnamen unterliegen warenzeichen-, marken- oder patentrechtlichem Schutz bzw. sind Warenzeichen oder eingetragene Warenzeichen der jeweiligen Inhaber. Die Wiedergabe von Marken, Produktnamen, Gebrauchsnamen, Handelsnamen, Warenbezeichnungen u.s.w. in diesem Werk berechtigt auch ohne besondere Kennzeichnung nicht zu der Annahme, dass solche Namen im Sinne der Warenzeichen- und Markenschutzgesetzgebung als frei zu betrachten wären und daher von jedermann benutzt werden dürften.

Information bibliographique publiée par la Deutsche Nationalbibliothek: La Deutsche Nationalbibliothek inscrit cette publication à la Deutsche Nationalbibliografie; des données bibliographiques détaillées sont disponibles sur internet à l'adresse http://dnb.d-nb.de.

Toutes marques et noms de produits mentionnés dans ce livre demeurent sous la protection des marques, des marques déposées et des brevets, et sont des marques ou des marques déposées de leurs détenteurs respectifs. L'utilisation des marques, noms de produits, noms communs, noms commerciaux, descriptions de produits, etc, même sans qu'ils soient mentionnés de façon particulière dans ce livre ne signifie en aucune façon que ces noms peuvent être utilisés sans restriction à l'égard de la législation pour la protection des marques et des marques déposées et pourraient donc être utilisés par quiconque.

Coverbild / Photo de couverture: www.ingimage.com

Verlag / Editeur:
Presses Académiques Francophones
ist ein Imprint der / est une marque déposée de
OmniScriptum GmbH & Co. KG
Heinrich-Böcking-Str. 6-8, 66121 Saarbrücken, Deutschland / Allemagne
Email: info@presses-academiques.com

Herstellung: siehe letzte Seite /
Impression: voir la dernière page
ISBN: 978-3-8416-2931-9

ADAPTATION DE LA MÉTHODE WCIP AUX CIRCUITS SIW ET SINRD

Remerciements

JE remercie tout d'abord celui qui m'a donné la force d'écrire ces lignes et de mener à bout ce travail, je ne le remercie jamais assez sans remercier toutes les personnes qui ont contribué de près ou de loin à l'élaboration de cette thèse.

DURANT mes années d'études j'ai eu la chance d'être toujours encadrée par des personnes vraiment exceptionnelles. Mes très vifs et éternels remerciements vont en premier lieu à BAUDRAND Henri pour m'avoir soutenue, encouragée et orientée tout au long de ces années. Je le remercie et lui adresse mon estime et gratitude surtout pour son humanité et sa compréhension, sa culture générale et scientifique très vaste sans laquelle je ne pourrais jamais aborder de tels sujets.

MES très vifs remerciements pour Mme RAVEU Nathalie pour m'avoir soutenu, encouragé et orienté tout au long de ces années. Je la remercie sincèrement d'avoir bien voulu diriger mes travaux de recherches. Ses conseils et son support moral m'ont énormément aidé à mener à terme ce travail. Elle a toujours été pour moi d'une patience sans limites et d'une grande générosité, en me prodiguant de bon cœur son temps et ses précieux conseils. Aussi, je tiens à lui exprimer particulièrement ma profonde reconnaissance. Je reconnais sa culture générale et scientifique très vaste sans laquelle je ne n'aurais pas pu aborder de tels sujets.

MA reconnaissance est adressée aussi à Mr PIGAGLIO Olivier, ingénieur de recherche, à l'INP de Toulouse pour son travail et son expérience dans la réalisation de prototypes de circuits hyperfréquence et leurs mesures.

JE remercie tout les membres du groupe GRE pour leur soutien et l'environnement agréable de travail.

J E remercie mes collègues du laboratoire LAPLACE de L'INPT pour leur aide et plus particulièrement Mr ALMUSTAFA Mohamad et Mdc JAAFAR Amine.

J E présente mes sincères remerciements à l'Ittihad Private University-Syrie pour avoir accepté mon intégration dans son équipe d'enseignement et m'avoir donner la bourse qui m'a permis de préparer ma thèse de doctorat. Je tiens à remercier spécialement le Dr. Wael BUKAI et Pr. Nabil HASSOUN.

J E remercie tous les membres de ma famille, je remercie mes très chers parents qui m'ont toujours soutenue et encouragée, d'avoir toujours été à mes cotés même virtuellement, je les remercie surtout pour m'avoir fait confiance et pour tous leurs sacrifices. Je remercie mon frère (Mohamed) pour son amour et fraternité vraiment exemplaire.

J INALEMENT, je laisse mon dernier remerciement pour mon amie et épouse Rania pour son aide et soutien. J'aimerai qu'elle reste à mes côtés pour toute la vie.

Résumé du projet

Les développements technologiques en télécommunication et microondes tendent depuis plusieurs années vers la miniaturisation des circuits, une réduction des coûts, des masses et des pertes dans ces dispositifs. Les circuits SIW (Substrate Integrated Waveguide) s'inscrivent tout à fait dans cette mouvance et font à l'heure actuelle l'objet de nombreux sujets de recherche avec des applications directes dans l'industrie. Les circuits SINRD (Substrate Integrated Non Radiative Dielectric) utilisent eux les propriétés du substrat usiné (insertion de trous) pour la propagation du signal et des fonctions de l'électronique peuvent également être développées avec cette technologie. La conception de ces circuits passe généralement par des outils peu performants car non dédiés.

Dans ce travail de thèse, une méthode numérique dédiée à ces circuits est développée. Elle est validée par comparaison à d'autres méthodes numériques et des mesures. Elle présente des temps de calcul très faibles. De nouveaux dispositifs pour des applications en télécommunications spatiales bas coûts et faibles pertes peuvent ainsi être développés grâce à elle.

Mots clés :

SIW (Substrate Integrated Waveguide)
SINRD (Substrate Integrated Non Radiative Dielectric)
WCIP (Wave Concept Iterative Procedure)
Circuits passifs

Title of Thesis:

Contribution to the modeling of SIW and SINRD structures for microwave applications and telecommunications.

Summary of the thesis

For several years, technological developments in telecommunications and microwave circuit tend to miniaturization, low cost and mass reduction, in these devices. SIW Circuits (Substrate Integrated Waveguide) are developed in this manner and are currently the subject of numerous research topics with direct applications in industry. SINRD circuits (Substrate Integrated Non Radiative Dielectric) use micro machined substrate properties (insertion of holes) for signal propagation and electronic functions can be developed with this technology. The design of these circuits generally use unefficient tools that are not dedicated to these circuits.

In this thesis, a numerical method dedicated to these circuits is developed. It is validated by comparison with other numerical methods and measurements. It presents very low computation time. New design for applications in space communications and low-cost low-loss circuits may be developed through it.

Keys words:

SIW (Substrate Integrated Waveguide)
SINRD (Substrate Integrated Non Radiative Dielectric)
WCIP (Wave Concept Iterative Procedure)
Passive circuits

Table des matières :

Table des Figures :

Table des Tableaux :

INTRODUCTION GENERALE

INTRODUCTION GENERALE

Le développement des télécommunications spatiales au cours de ces dernières années a nécessité la réalisation d'équipements de plus en plus compacts et performants, fonctionnant à des fréquences de plus en plus élevées. Cette évolution apparaît dans de nombreux systèmes de communications. Elle s'accompagne de la conception de circuits hautes fréquences présentant une grande précision de fabrication et répondant à des performances électriques de plus en plus ambitieuses. Les critères d'encombrements et de coûts sont également intégrés dans les étapes de conception de ces circuits. Dans le domaine des hyperfréquences, les composants passifs actuellement commercialisés, de types circulateurs, isolateurs…etc., peuvent être fabriqués en utilisant la topologie SIW et récemment SINRD. L'étude de ces circuits intégrés a fait l'objet de nombreux travaux depuis ces trente dernières années, grâce notamment à la réduction du temps du calcul des simulations électromagnétiques. Les chercheurs ont développé des méthodes numériques qui permettent de résoudre divers problèmes complexes. L'utilisation de la bande de fréquence des ondes millimétriques et submillimétriques dans les systèmes de communication a stimulé la recherche dans le domaine des micro-ondes.

Diverses méthodes de modélisation électromagnétique des circuits en ondes millimétriques et centimétriques ont été mises au point. La tendance actuelle consiste à utiliser les outils de simulation pour réduire les temps et les coûts de fabrication de ces circuits. Le temps de calcul augmente avec la complexité du circuit, et la conception fait souvent appel à des processus d'optimisation, par conséquent l'obtention d'un modèle électromagnétique précis permet de gagner en temps de calcul et peu potentiellement réduire les réglages post-fabrication très coûteux.

C'est dans cet objectif que depuis les années 1980, plusieurs méthodes de calcul de circuits micro-ondes passifs ont été mises au point au laboratoire d'électronique de l'Institut National Polytechnique de Toulouse (INPT). Parmi ces méthodes figure la méthode WCIP (Wave Concept Iterative Procedure). Cette méthode a été introduite par Pr. Baudrand en 1995, pour l'étude des problèmes électromagnétiques bidimensionnels. Ensuite, elle a été développée et améliorée par Pr. Baudrand et Dr. Raveu pour étudier les couplages entre antennes sur cylindre. La méthode WCIP, qui fait l'objet de notre travail, a été adaptée avec succès aux circuits SIW et SINRD à vias métalliques avec des géométries régulières où elle est particulièrement efficace.

Le manuscrit est divisé en quatre chapitres :

Le premier chapitre présent les concepts généraux, il est consacré tout d'abord à une étude bibliographique des deux types de technologies Substrate Integrated (SIW et SINRD). L'historique, les avantages et les inconvénients pour chaque technologie proposée sont présentés, puis différents exemples de circuits utilisant ces technologies sont décrits.

La seconde partie de ce chapitre présente un état de l'art des différentes méthodes numériques pour la conception des circuits SIW et SINRD. Les points forts et les faiblesses de chaque méthode numérique sont mis en évidence, permettant aussi de choisir la méthode et la plus adéquate pour la modélisation des structures SIW et SINRD.

Dans le deuxième chapitre, la mise en équation de la méthode itérative basée sur le concept d'onde est explicitée. Cette méthode récente, à la fois originale et rapide, adopte une démarche d'analyse globale du circuit SIW. Les bases théoriques nécessaires à la compréhension sont le concept d'onde, les opérateurs de diffraction et de réflexion. La méthode est étendue pour prendre en compte la variation angulaire des vias.

Dans le troisième chapitre, quelques circuits SIW avec des vias métalliques sont étudiés avec la WCIP. L'efficacité de la méthode est validée par comparaison avec ceux obtenus avec HFSS et/ou des mesures pour différents : guide SIW, cavité SIW et filtre passe bande SIW. Le temps de calcul est comparé avec celui obtenu avec le logiciel FEM (HFSS).

Dans le quatrième chapitre, la méthode WCIP est étendue à l'étude de circuits en technologie SINRD. L'operateur spatial est modifié de façon à prendre en compte le changement de diélectrique. Plusieurs exemples de validation sont présentés : guide SINRD, résonateur SINRD et filtres passe-bande SINRD. Dans tous ces cas, les résultats obtenus avec la WCIP sont validés par comparaison avec la mesure et/ou la simulation (HFSS).

CHAPITRE.1

ETAT DE L'ART SUR LES STRUCTURES SIW ET SINRD

Etat de l'art

1.1 Introduction

La réduction des coûts de fabrication et l'amélioration des propriétés électriques sont des paramètres fondamentaux qui préoccupent les chercheurs depuis des années [1], [2]. Plusieurs travaux de recherche ont été menés pour répondre à ces critères [3], [4].

D'un côté, les guides d'ondes SIW intégrés dans le substrat (Substrate Integrated Waveguide) constituent de nouveaux types de ligne de transmission. Ils mettent en œuvre des guides d'ondes sur une partie du circuit imprimé en émulant les murs des côtés du guide d'ondes en utilisant des rangées de vias métalliques. Cette technique hérite à la fois du bien-fondé des techniques microruban pour la compacité et la facilité d'intégration, et du guide d'ondes pour les faibles pertes de rayonnement, ce qui ouvre une nouvelle voie à la conception de circuits micro-ondes et des antennes à faible coût.

D'un autre côté, Les nouvelles techniques de fabrication SICs (Substrate Integrated Circuits) ont été proposées pour la réalisation de circuits en guide d'ondes NRD (Non Radiative Dielectric). Cette nouvelle technique est appelée SINRD. Elle permet au guide NRD d'être intégré dans un substrat diélectrique. Cette technologie ressemble à celle SIW avec des trous d'air en quelque sorte. Cette technologie est prometteuse car elle présente de faibles pertes, un faible coût de fabrication pour les applications en ondes millimétriques et submillimétriques.

Dans la première partie de ce chapitre, nous présentons un état de l'art sur les technologies SIW et SINRD.

Dans la deuxième partie du chapitre, les méthodes numériques associées à la conception de ces circuits sont présentées. Leurs performances, leurs avantages et leurs inconvénients sont comparés. Suite à cette étude, la méthode numérique que nous proposons d'adopter sera justifiée pour la caractérisation de ces circuits.

1.2 Substrate Integrated Waveguide (SIW)

1.2.1 Introduction

Les développements récents des systèmes de communication RF, micro-ondes et sans fils sont caractérisés par des hautes vitesses de transfert de données et nécessitent des substrats diélectriques à faible pertes, où l'intégration est facile et avec de faibles coûts de fabrication, ce qui peut être assuré par la technologie SIW. La technologie SIW (Substrate Integrated Waveguide) a déjà suscitée beaucoup d'intérêt dans le développement de nombreux circuits intégrés micro-ondes. Le guide SIW est synthétisé en plaçant deux rangées de vias métalliques dans un substrat. La distribution du champ dans le guide SIW est similaire à celle d'un guide d'ondes rectangulaire classique. Par conséquent, il présente les avantages de faible coût, de facteur de qualité élevé, et peut facilement être intégré dans les circuits micro-ondes et ondes millimétriques intégrés [5]. Ces dernières années, l'intérêt pour les techniques SIW dans les systèmes de communication a considérablement augmenté, ainsi que le développement de circuits micro-ondes actifs et passifs [6] les utilisant.

1.2.2 Historique

La technologie SIW est basée sur la réalisation de guide d'ondes dans un substrat diélectrique. Les métallisations supérieure et inférieure du substrat sont utilisées comme des parois (plaques métalliques) de la structure de guide d'ondes. Tandis que, le substrat contient des rangées de vias métalliques soudées aux deux plaques pour assurer les parois latérales comme représenté sur la Figure 1-1 . La structure résultante possède un profil plat et propose de bonnes performances de guides d'ondes métalliques.

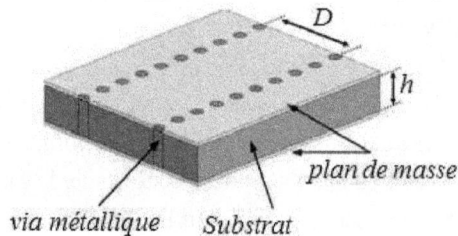

Figure 1-1   Guide SIW

Depuis le début des années 1990, diverses tentatives ont été proposées pour la mise en œuvre de structures de guides d'ondes planaires. La première référence dans la littérature est un brevet japonais en 1994 où un nouveau guide d'onde diélectrique-chargé est proposé sous la forme de deux rangées de vias métalliques dans un substrat diélectrique [8]. Plus tard en 1995, un brevet américain propose un guide d'onde avec un processus LTCC (Low Temperature Co-fired Ceramics) aussi appelé structure diélectrique multicouche [7] comme représenté sur la Figure 1-2.

En 1997, une première application de la technologie SIW apparait pour les antennes millimétriques [9], suivie par d'autres études connexes [10], puis l'utilisation des composants SIW en LTCC [11]. Depuis le début des années 2000, l'intérêt pour la technologie SIW et l'intégration des composants est intensivement menée par l'équipe dirigée par le professeur Ke Wu au Centre de recherche Polygrames.

L'excitation par ligne microruban comme transition vers une topologie SIW a fait l'objet d'un rapport [12] en 2001, cette excitation est devenue, la référence des excitations de circuits SIW. La plupart des fonctions électroniques micro-ondes ont été reprises avec une technologie SIW. Par exemple, les différentes transitions planaires [13], [14], les filtres [15], [16], les coupleurs [17], [18], les duplexeurs [19], [20], les hexapôles [21], les circulateurs [22] ,[23] et les antennes [24], [25]. Grâce à sa facilité d'intégration, plusieurs fonctions actives ont été mises en œuvre avec les technologies SIW, comme les oscillateurs [26], [27], les mélangeurs [28] et les amplificateurs [29], [30].

1.2.3 Technologie [31]

La technologie traditionnelle, qu'elle soit planaire ou pas, est incapable de fournir toutes les caractéristiques à la fois : faible coût et faible pertes. Les guides

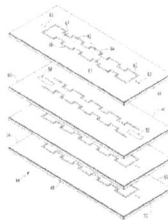

Figure 1-2 Structure multicouche [7].

d'ondes rectangulaires ont de faibles pertes, mais sont couteux à fabriquer et leur intégration est difficile avec des circuits planaires. Les circuits planaires possèdent un faible facteur de qualité [32], mais un poids négligeable et de faibles coûts de fabrication. Ces contraintes antagonistes nous ont conduits à utiliser la technologie SIW afin de combiner les avantages respectifs des technologies citées auparavant. Ce concept associe l'utilisation d'une technologie de réalisation planaire avec celle de type guide, cavité... Ces structures peuvent être réalisées par des processus planaires classiques (PCB, LTCC, ...). Techniquement, les guides d'ondes sont enterrés dans le substrat. Les faces latérales sont remplacées par des rangées de trous métallisés qui relient les faces supérieure et inférieure du substrat comme le présente la Figure 1-3.

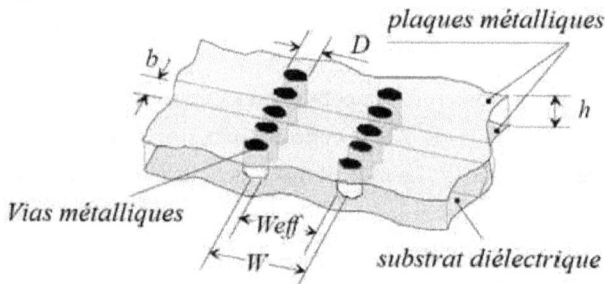

Figure 1-3 Topologie d'un guide SIW

Ces deux rangées de vias métalliques dans le substrat créent l'équivalent de deux murs électriques pour les ondes électromagnétiques si les vias sont placés de façon suffisamment proche.

Pour concevoir une bonne structure SIW, il faut suivre quelques étapes simples de conception. Les paramètres nécessaires pour la conception du guide sont les suivants : le diamètre D des vias, la distance b entre les vias. Les règles de conception sont :

$$D < \frac{\lambda_g}{5} \ et \ b \leq 2D \qquad \qquad Eq \ 1.1$$

Le problème principal dans la conception de circuits SIW est lié à la minimisation des pertes. Il faut juste modifier des paramètres géométriques, à savoir l'épaisseur du substrat h, le diamètre D des vias métalliques et leur espacement b, l'épaisseur h joue un rôle important. Augmenter la hauteur h augmente le volume du substrat, ce qui réduit les pertes conductrices [33]. En général, les pertes par rayonnement ne sont pas affectées par l'épaisseur du substrat. Un autre paramètre géométrique important est le diamètre D. En augmentant le diamètre d'un via métallique, les pertes conductrices vont augmenter, tandis que les pertes diélectriques vont diminuer parce qu'on réduit le volume pris par le diélectrique.

Un comportement similaire est observé avec l'espacement b. La réduction de b fait augmenter les pertes conductrices (en raison de l'augmentation de la surface métallique) et les pertes diélectriques restent pratiquement inchangées. Pour ces deux paramètres, la condition de Eq 1.1 doit être utilisée pour garder des pertes par rayonnement faibles [34].

Finalement, la technologie SIW est très prometteuse pour l'intégration de circuits micro-ondes dans les systèmes du futur. Elle permet d'intégrer des composants actifs, des fonctions passives et des éléments rayonnants sur le même substrat [35]. De plus, grâce à cette technologie, des solutions rentables et flexibles pour l'implémentation de circuits micro-ondes peuvent être proposées.

1.2.4 Quelques exemples de circuits

Les SICs (Substrate Integrated Circuits) peuvent être construits en utilisant les structures synthétisées mentionnées ci-dessus intégrées avec les autres circuits planaires comme la ligne microruban ou autres sur le même substrat diélectrique [36]. Divers SICs passifs et actifs sont rappelés dans cette partie.

1.2.4.a *Les circuits passifs SIW*

Concernant les circuits passifs, la plupart des composants hyperfréquences classiques ont été mis en œuvre dans les technologies SIW. Cette solution permet généralement d'obtenir des composants avec une taille réduite [37] par comparaison avec les fonctions de guide d'ondes classiques. Parmi les composants passifs, les filtres ont reçu une attention particulière. Quelques exemples sont reportés sur les Figures 1-4, comme le filtre passe-bande [38], la cavité rectangulaire [39], le coupleur [40], [41], et le duplexeur SIW [42],….

a)

b)

c)

d)

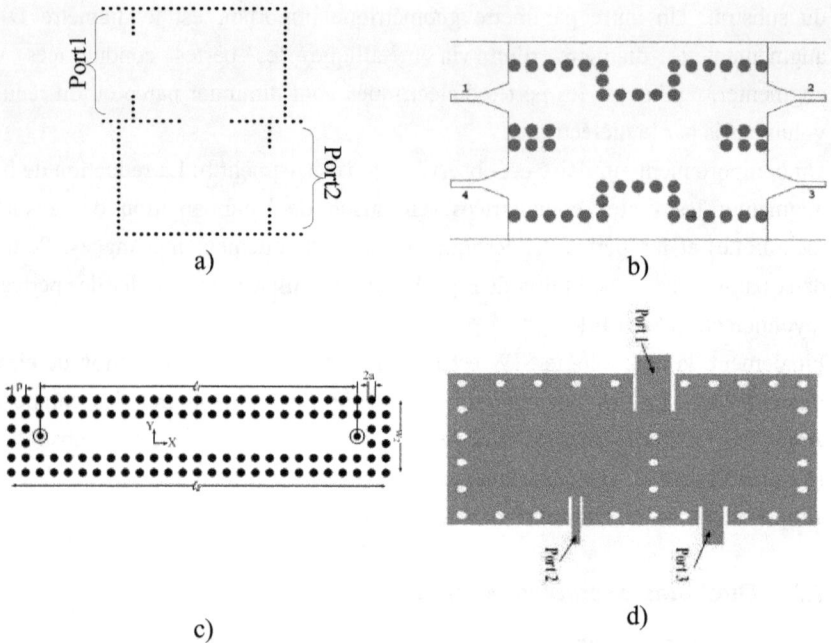

Figures 1-4 Exemples des circuits passifs SIW, a) Filtre passe-bande SIW [38],
b) Coupleur SIW [40]- [41], c) Guide rectangulaire SIW [39], d) Duplexeur SIW
[42].

1.2.4.b *Les circuits actifs SIW*

L'implémentation de composants actifs dans la technologie SIW a attiré
moins d'attention comparée à celle des circuits passifs. Néanmoins, de nouvelles
possibilités de conception vers une intégration complète SoS (System-on-
Substrate) sont ouvertes. Essentiellement, la conception et l'optimisation des
circuits actifs consistent à intégrer des dispositifs actifs dans des circuits SIW
passifs et les relier en utilisant les avantages de la technologie tels que, par
exemple, les faibles pertes, l'isolation élevée et une taille compacte pour obtenir de
bonnes performances à faible coût. Généralement l'une des faces conductrices du
SIW est utilisée pour reporter la fonction active, la connexion étant assurée par des
lignes microruban.

Les développements récents d'oscillateurs en 2012 [43], de mélangeurs [44] et d'amplificateurs [45] sont notables. Quelques exemples sont reportés sur les Figures 1-5:

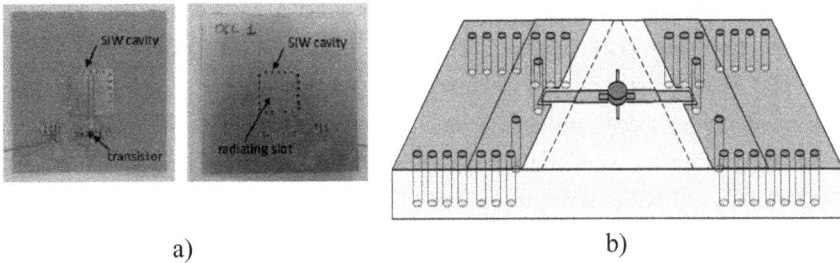

a)   b)

Figures 1-5 Exemples des circuits actifs SIW, a) oscillateur SIW [46], b) amplificateur SIW [45] .

1.2.4.c *Les antennes SIW*

Les antennes de petite taille présentant de bonnes performances en rayonnement et une bonne isolation sont recherchées, notamment dans le domaine de l'aéronautique des télécommunications, des systèmes embarqués. Les antennes SIW sont très appropriées pour ces applications [47] - [48]- [49]-[50]. Sur la Figure 1-6 est présentée une antenne SIW.

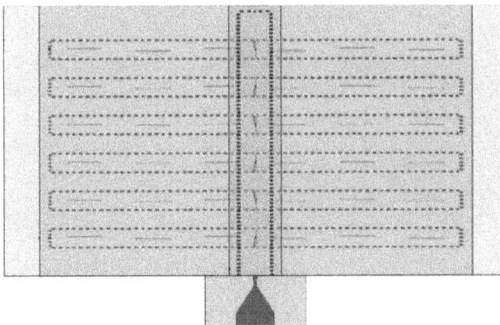

Figure 1-6 Antenne SIW [50].

1.3 SINRD

1.3.1 Introduction

Les SICs ont été proposés comme des structures planaires intégrées à faible coût, présentant de hautes performances et de faibles pertes pour des applications hautes fréquences. Les caractéristiques des SICs à base de guides d'ondes sont présentées dans [51]. Comme les guides d'ondes diélectriques non rayonnant (NRD) [52] présentent de faibles pertes diélectriques, ce sont des candidats prometteurs pour des applications en ondes millimétriques et submillimétriques.

La fabrication et l'intégration de substrat intégré diélectrique non rayonnant (SINRD) avec NRD était prometteur [53]. Le guide SINRD peut facilement être connecté à n'importe quelle structure planaire intégrant potentiellement des composants actifs [54]. Le SINRD est une des familles des SICs [55].

La Figure 1-7 illustre l'évolution de la technologie NRD à SINRD [56].

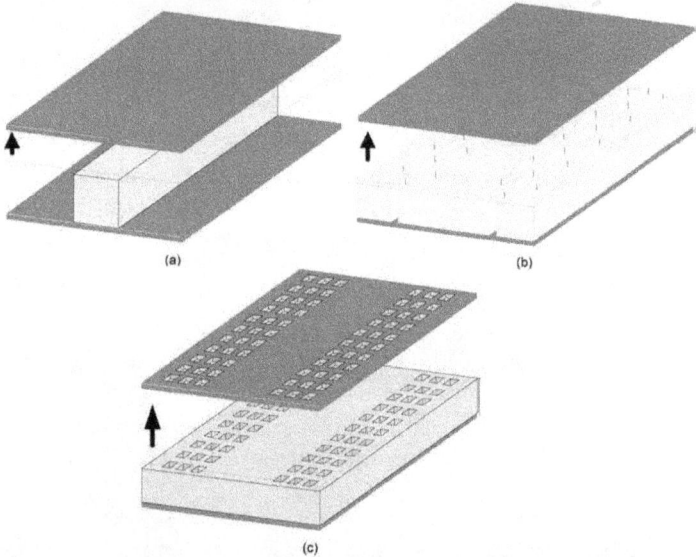

Figure 1-7 l'évolution de la technologie NRD à SINRD a) guide NRD, b) guide SINRD, c) la version PCB du guide SINRD [56].

1.3.2 Historique

Le guide d'onde diélectrique non rayonnant (NRD), a tout d'abord été proposé par Yoneyama et Nishida [52] en 1981. Bacha et Wu ont proposé un

13

modèle de NRD (guide d'ondes microruban) en 1998 [57]. Les fonctions de base et les applications du guide NRD ont fait l'objet de plusieurs recherches : Cassivi et Wu ont proposé en 2002 de réduire le problème de l'alignement et des tolérances mécaniques dans la fabrication de composants NRD [58]; un schéma de conception appelé NRD Gravé (ENRD) est proposé par Deslandes et Wu [58]; Grigoropoulos et Young en 2003 ont présenté un diélectrique non radiatif perforé (NRPD) [59]; Le premier SINRD a été proposé en 2003 par K.Wu [54],[60]. En 2006, M. Bozzi a crée un résonateur rectangulaire NRD [61]. En 2013, K.Wu a conçu une Leaky-Wave Antenna SINRD [55]. Les Figures 1-8 présentent différents types de circuits NRD.

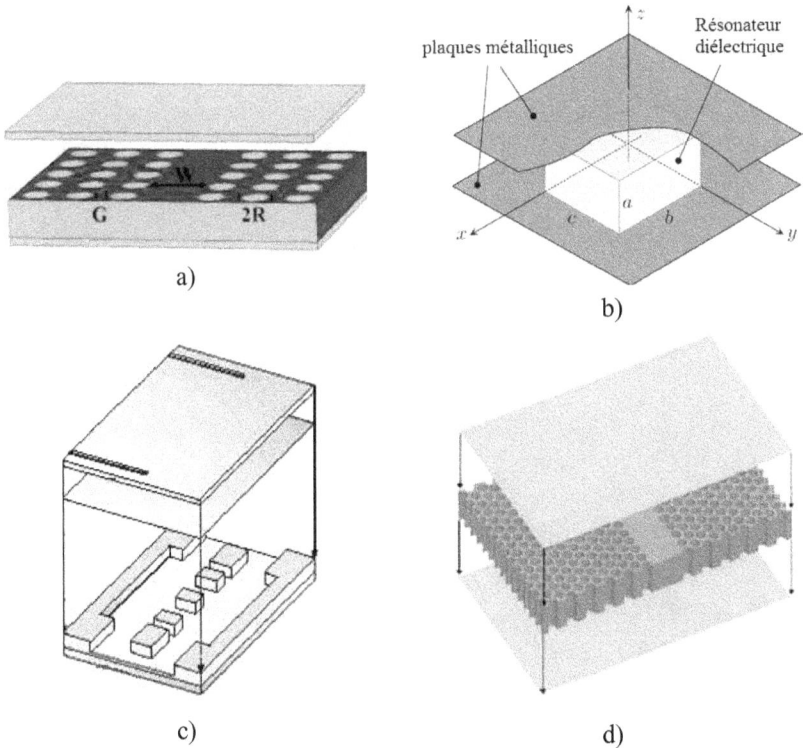

Figures 1-8 Différentes structures NRD, a) guide SINRD [54], b) Résonateur rectangulaire NRD [61], c) guide ENRD [58], d) guide NRPD [59].

1.3.3 Technologie

Le guide d'onde diélectrique non rayonnant (NRD) présente une technologie très prometteuse avec de faibles pertes, de faibles coûts pour des applications en micro-ondes. Il peut être utilisé dans la conception de nombreuses fonctions de l'électronique [62]. Il présente aussi une facilité d'intégration avec des circuits planaires [63], des antennes [64]…

Théoriquement, le guide NRD est composé d'un ruban de substrat diélectrique inséré entre deux plaques métalliques comme en sandwich. Pour améliorer l'intégration et la fabrication de circuits NRD, un substrat intégré SINRD a été proposé [54], il est constitué de rangées de trous et d'un substrat où le NRD est défini par des trous en dehors de la zone de guidage souhaitée, ce qui abaisse la constante diélectrique du substrat dans cette région. Ceci sera expliqué en détail dans le chapitre 4. La topologie du guide SINRD est illustrée sur la Figure 1-9.

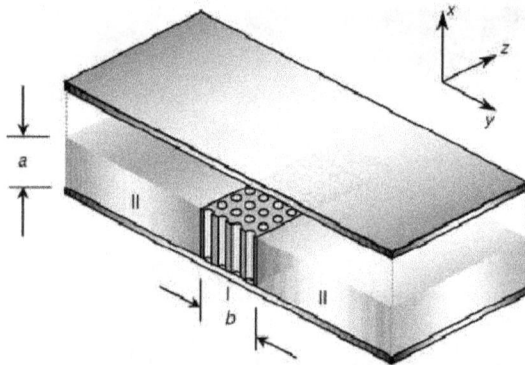

Figure 1-9 Géométrie d'un diélectrique non radiatif SINRD [65]

1.3.4 Quelques exemples

La technique de fabrication SINRD résout certains problèmes mécaniques et électriques des circuits planaires et offre la possibilité d'un circuit avec de bonnes performances à bas coût.

Il est important de réaliser que ces circuits peuvent être intégrés de manière naturelle. Les Figures 1-10 présentent des exemples de la technologie SINRD dans les circuits passifs.

a)

b)

c)

d)

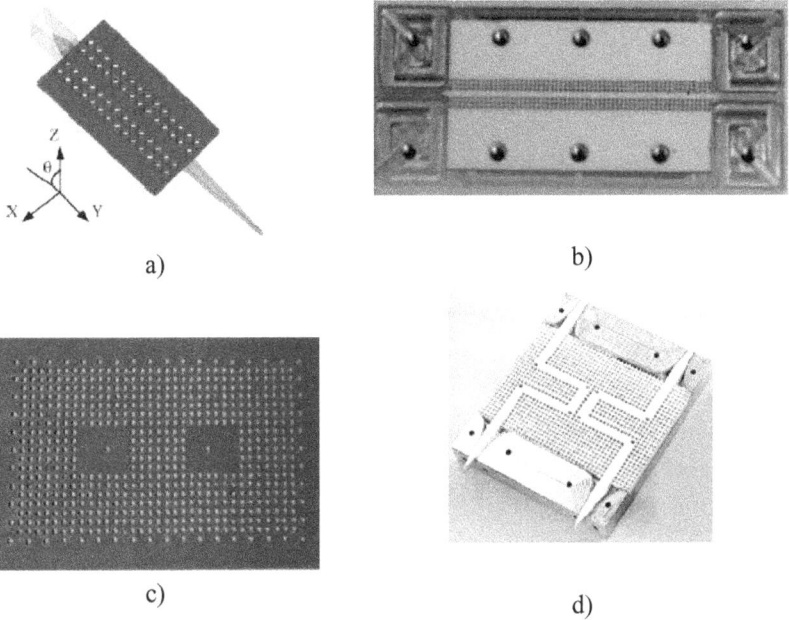

Figures 1-10 Exemples de circuits utilisant la technologie SINRD, a) Antenne SINRD [66], b) Leaky-Wave Antenna SINRD [55], c) Filtre SINRD, d) Coupleur SINRD [67]

1.4 Méthodes numériques utilisées pour la conception de circuits SIW et SINRD

Avec la création de nouveaux composants, de nouvelles technologies, les industriels et les chercheurs sont amenés à améliorer et à adapter leurs outils de simulation, pour que les méthodes soient adaptées à ces dispositifs (meilleur temps de calcul, plus de précision…). Toutes ces conditions ont donné naissance à plusieurs méthodes numériques notamment celles appliquées à l'électromagnétisme [68], [69], [70], [71], [72].

1.4.1 La méthode des Moments

La méthode des Moments (MoM) est une méthode fréquentielle permettant de résoudre les équations de Maxwell sous forme intégrale en les réduisant à un

16

système linéaire d'équations. On transforme en premier lieu l'équation intégrale régissant le problème physique en une matrice représentant des sommes de fonctions pondérées. On évalue ensuite les éléments de cette matrice. Enfin, on résout le système matriciel. Cette méthode a été popularisée dans le cadre du Génie Électrique par Harrington [73]. Elle est très utilisée pour la modélisation des problèmes des antennes et de transitions entre guides, ainsi que pour les circuits planaires.

La méthode des moments permet de réduire une relation fonctionnelle en une relation matricielle. Elle permet ainsi de déterminer la distribution de courant permettant au champ résultant de satisfaire les conditions aux limites, et ce, en décomposant le courant dans une base de fonctions permettant de transformer des équations intégrales en un système linéaire.

Les principaux avantages de la méthode MoM sont :

- Mailler seulement la géométrie de la structure à étudier sans mailler son environnement.

- Peu de mailles sont nécessaires pour résoudre le problème.

- Le temps de calcul est faible (maillage surfacique).

Inconvénients :

- La résolution des structures où la géométrie contient différents milieux diélectriques ou magnétiques se révèle délicate.

- La résolution est effectuée dans le domaine fréquentiel, ce qui complique le traitement des non linéarités.

1.4.2 *La méthode des différences finies*

La méthode des Différences Finies dans le Domaine Temporel (FDTD) est l'une des plus anciennes, des plus répandues et des plus utilisées en modélisation électromagnétique. Elle permet de modéliser la structure à étudier d'une manière très proche de la réalité [74]. Elle est basée sur la résolution discrète des équations de Maxwell dans le domaine temporel. Les dérivées des grandeurs par rapport au temps et à l'espace sont approchées par des développements limités. Un exemple de maillage est donné sur la Figure 1-11.

Les avantages principaux de la méthode FDTD sont :

- Maillage non structuré (géométrie complexe) 3D (même si régulier)

- Adaptée pour les structures non homogènes

Inconvénients :

- Le temps de calcul est élevé si on s'intéresse à une petite bande de fréquence

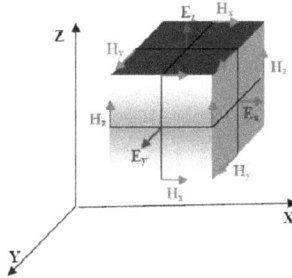

Figure 1-11 Maillage cartésien pour la méthode FDTD

1.4.3 *La méthode des éléments finis*

La méthode des éléments finis (FEM) est conceptualisée par A. Hernnikoff et R. Courant dans les années 1940 pour résoudre des problèmes de mécanique de structures [75]. Quelques années plus tard en [76], elle est introduite en électromagnétisme pour résoudre les équations de Maxwell. C'est un outil mathématique qui résout de manière discrète les équations aux dérivées partielles. De manière générale, l'équation porte sur une fonction spécifique définie sur un domaine et comporte des conditions aux bords permettant d'assurer existence et l'unicité de la solution. Pour la simulation de structures dans le domaine fréquentiel, L'IEMN (l'Institut d'Electronique, de Microélectronique et de Nanotechnologie) a développé le logiciel HFSS basé sur cette méthode [77]. Le volume étudié est discrétisé sur un ensemble de tétraèdres. La résolution du système d'équation obtenu est alors réalisée en considérant les équations de Maxwell au sens des distributions et en appliquant les conditions aux limites sur chacune des zones maillées. Cette méthode est capable de caractériser des structures planaires ou volumiques, de milieux isotropes ou non, avec ou sans pertes. Le point faible de cette méthode très rigoureuse est le temps de calcul important. Cependant, afin de le réduire, si la géométrie le permet, des symétries peuvent être utilisées pour réduire les volumes d'étude. D'autre part, la méthode des éléments finis est utilisée pour résoudre les équations de Maxwell sous la forme différentielle. Il faut donc mailler l'espace autour du problème pour appliquer les conditions aux limites dans cette méthode. Par conséquent, un grand nombre d'éléments est nécessaire à la résolution du problème. Un exemple de maillage est donné sur la Figure 1-12.

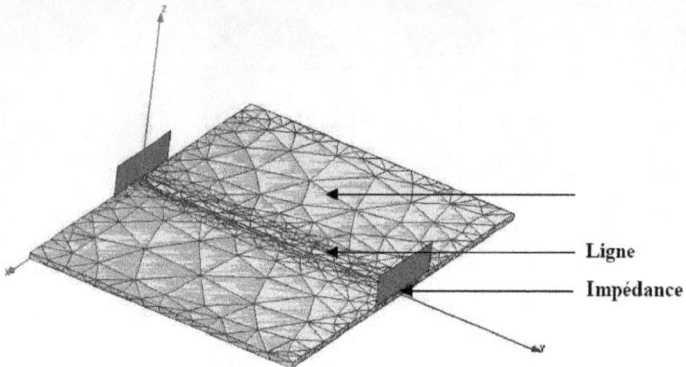

Figure 1-12 Maillage d'une ligne microruban avec la méthode FEM

Les principaux avantages de la méthode FEM sont :
- La simplification de la modélisation des phénomènes discontinus.
- La manipulation facile de géométries très complexes.
- La gestion d'une grande variété de problèmes d'ingénierie.
- La gestion des contraintes complexes.
Inconvénients :
- Le temps de calcul est élevé (maillage volumique).
- Besoin d'un grand espace mémoire
Après avoir présenté succinctement les différentes méthodes d'analyse, nous allons maintenant en faire un bilan pour justifier notre choix vis-à-vis de la simulation de circuits SIW et SINRD.

1.4.4 Comparaison des méthodes de simulation de problèmes électromagnétiques

En ce qui concerne la FEM, les temps de calcul évoluent très vite avec les dimensions des structures. Il est généralement délicat de traiter des couches ayant de fortes différences de dimensions. Ainsi, cette méthode très bien adaptée aux structures volumiques, se retrouve moins performante pour les circuits planaires. Pour ces dernières structures, les logiciels 2.5 D basés sur la méthode des moments sont très utilisés. Parmi ceux disponibles dans le commerce, Momentum ADS s'est révélé très performant.

D'après le tableau 1, nous pouvons dire que la méthode des moments est une méthode très intéressante puisqu'elle est employée par la plupart des grands éditeurs de simulateurs électromagnétiques tels que ADS advanced design system, Ansoft HFSS-IE, etc…

Dans notre travail, nous nous sommes intéressés à une nouvelle formulation de la méthode itérative dans le cadre de technologie SIW et SINRD. Dans le Tableau 1-1, les points forts des méthodes sont relevés par ☺ et les points faibles par ☹. Le tableau I.1 fait un bilan des forces et des faiblesses de chacune des méthodes selon la géométrie étudiée :

Tableau 1.1 Comparaison des forces et des faiblesses des méthodes de simulation des problèmes électromagnétiques.

Méthode	Circuits planaires	Structures volumiques	Substrat inhomogène	Temps de calcul
MoM ADS-MoM	Très efficace ☺☺	Non adapté ☹☹	Non adapté ☹☹	Courts ☺☺
FDTD EMPIRE	Efficace ☺	Efficace ☺	Efficace ☺	Longs ☹☹
FEM HFSS	Efficace ☺	Très efficace ☺☺	Très efficace ☺☺	Longs ☹☹
WCIP	Très efficace ☺☺	Non adapté ☹☹	Non adapté ☹☹	Courts ☺☺

1.5 Logiciel de simulation de champ électromagnétique HFSS

HFSS est un simulateur électromagnétique de haute performance pour les problèmes en 3D. Il intègre des simulations, des visualisations et une interface automatisée facile à utiliser pour résoudre rapidement et de façon efficace les problèmes électromagnétiques en 3D. Son code de calcul est basé sur la méthode des éléments finis (méthode fréquentielle).

HFSS peut être utilisé pour calculer des paramètres tels que les paramètres S, les fréquences de résonance et représenter les champs. C'est un outil permettant le calcul du comportement électromagnétique d'une structure. Le simulateur possède des outils de post traitement pour une analyse plus détaillée. Il permet le calcul des:

· Quantités de base : E, J, λ,...

· Impédances caractéristiques des ports et les constantes de propagation des lignes

· Les paramètres S normalisés par rapport à une impédance de port spécifique.

Nous disposons de plusieurs logiciels de simulations électromagnétiques dans notre laboratoire qui sont Agilent Momentum (ADS), Ansoft HFSS, Ansoft ANSYS,... HFSS est un simulateur 3D basé sur le principe des éléments finis capable de résoudre les équations de Maxwell dans un volume donné. De plus, HFSS permet aux utilisateurs de caractériser et d'obtenir les performances optimales de leurs connecteurs, filtres, cavités, SINRD et guides d'ondes avec la combinaison d'Optimetrics (un moteur paramétrique, d'optimisation et de sensibilité). Il permet aux utilisateurs d'étudier finement la sensibilité des résultats aux différentes variations des dimensions physiques de la structure. Nous avons donc choisi d'utiliser HFSS pour mener à bien nos travaux, puisque nos structures soit en technologie SIW, soit en technologie SINRD sont volumiques.

Cependant, comme pour tout autre logiciel, son emploi nécessite plusieurs précautions afin d'obtenir des résultats de simulation conformes aux performances réelles.

1.6 Conclusion

Dans la première partie de ce chapitre, un état de l'art sur les structures SIW et SINRD est présenté. Ces technologies progressent tous les jours, ce qui donne lieu à des réalisations intéressantes de composants hyperfréquences passifs et actifs. De plus, la flexibilité de la conception de ces circuits SIW et SINRD en font des technologies prometteuses avec de faibles pertes et de faibles coûts pour les applications en micro-ondes.

Dans la deuxième partie, les méthodes d'analyses utilisées dans le domaine de la propagation électromagnétique sont répertoriées. Les différentes méthodes numériques employées pour concevoir les structures SIW et SINRD sont expliquées et comparées. Notre choix, dans le cadre de ce mémoire de thèse, s'est porté sur la méthode itérative. Cette méthode permet d'obtenir une analyse fine et rapide de ces circuits 2.5D complexes. Elle est comparée à la méthode référence la FEM par le biais du logiciel commercial HFSS.

CHAPITRE.2

METHODE ITERATIVE BASEE SUR LE CONCEPT D'ONDES POUR LA CARACTERISATION DE CIRCUITS SIW METALLIQUES

Reformulation de la Méthode Itérative

2.1 Introduction

L'intégration technologique de structures à fort coefficient de qualité a conduit au développement de fonctions hyperfréquences en technologie SIW [78], [79]. Ces structures sont généralement caractérisées dans une première étape à partir du guide métallique de même dimension. Une étude à posteriori avec les vias de la structure nécessite parfois des réajustements et les positions des vias ne sont pas toujours justifiées.

La majorité de ces circuits est en fait composée de quelques cellules élémentaires (cellule avec via métallique centré, cellule avec source centrée, cellule absorbante ou cellule vide) réparties sur une trame périodique de façon à réaliser ces fonctions hyperfréquences passives guidées, comme présenté sur la Figure 2.1.

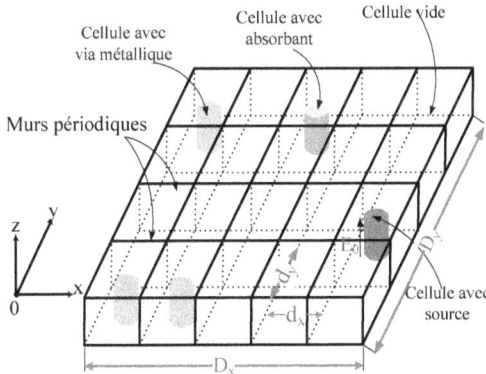

Figure 2.1 Exemple de circuit SIW à étudier.

La caractérisation de la structure avec les vias métalliques demande souvent une importante capacité mémoire et un temps de calcul conséquent. Les méthodes numériques classiquement utilisées pour résoudre des circuits SIW sont la FDTD [78], la méthode des moments [79] ou les méthodes intégrales [80]. Toutes nécessitent une capacité mémoire et un temps de calcul importants.

Dans ce chapitre, une méthode itérative « WCIP » (Wave Concept Iterative Procedure) basée sur le concept d'onde va être présentée. La méthode itérative a été initiée par Pr. H.Baudrand [81] depuis les années 1995. Elle permet la résolution de problème de diffraction électromagnétique et l'analyse des circuits planaires [82], [83], [84]. La WCIP est une méthode intégrale bien adaptée à la caractérisation de circuits multicouches [85], [86], [87], [88], le couplage entre antennes sur cylindres concentriques [89], [90], [91]... Cette méthode a été étendue aux circuits SIW par Pr. H.Baudrand et Dr. N.Raveu [92], [93], [94], [95], [96] depuis les années 2009. En planaire, le principe de cette méthode simple et efficace est de mettre en relation les ondes incidentes et les ondes réfléchies dans les milieux autour de discontinuités en exprimant la réflexion dans le domaine modal et la diffraction dans le domaine spatial. La transition entre les deux domaines se fait à travers une Transformation Modale Rapide (FMT), respectivement, et sa transformation inverse FMT $^{-1}$. Le processus itératif est arrêté à convergence des paramètres physiques observés. L'originalité de cette méthode est double : sa facilité d'application en raison de l'absence de fonctions de test et son temps de calcul rapide, essentiellement dû à l'utilisation systématique de la Transformée en Mode Rapide FMT et d'un faible nombre d'inconnues. Cette méthode est modifiée en vue de traiter les circuits SIW (Substrate Integrated Waveguide). Les structures SIW métalliques peuvent être construites à partir de quelques cellules élémentaires : les cellules à via métallique, les cellules absorbantes et source, les cellules vide. Dans ce chapitre, le concept d'onde est redéfini pour les circuits SIW. Les opérateurs de réflexion et de diffraction en découlant sont explicités ainsi que le processus itératif.

2.2 Reformulation des ondes de la Méthode Itérative pour les circuits SIW

Le concept d'onde est introduit en exprimant les grandeurs électromagnétiques, champ électrique et densité du courant, au moyen des ondes incidentes et réfléchies à l'interface (Ω) (Figure 2.2), dans laquelle la densité de courant sur le via J_z est définie par le produit vectoriel suivant :

$$\vec{J} = \vec{H} \wedge \vec{n} \text{ avec ici } \vec{n} = \vec{\rho}$$

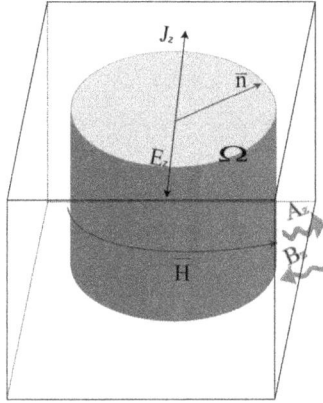

Figure 2.2 Une cellule élémentaire.

$\vec{n}$: est le vecteur unitaire normal au via.

$\vec{H}$: désigne le champ magnétique défini sur le via, $\vec{E}$ le champ électrique du via. Dans les circuits SIW métalliques, les champs sont supposés orientés selon l'axe z et indépendants de la variable z. Ils sont indicés dans chaque cellule élémentaire par $E_z(i, j)$ et $J_z(i, j)$. Les ondes réfléchies $A_z(i, j)$ et les ondes incidentes $B_z(i, j)$ sont définies par :

$$A_z(i,j) = \frac{1}{2\sqrt{Z_0}}\left(E_z(i,j) + Z_0 J_z(i,j)\right)$$
$$B_z(i,j) = \frac{1}{2\sqrt{Z_0}}\left(E_z(i,j) - Z_0 J_z(i,j)\right)$$

Eq 2-1

Z_0 : est une impédance arbitraire, choisie telle que $Z_0 = \frac{1}{\omega\varepsilon_0}$ dans le cas des circuits SIW, ε_0: la permittivité du vide (F/m), ω : la pulsation angulaire égale à $2.\pi.f$ (rd/s). Les champs sont définis au niveau de chaque via [14]. On peut déduire les expressions du champ électrique E_z et de la densité du courant J_z sur chaque via par :

$$E_z(i,j) = \sqrt{Z_0}\left(A_z(i,j) + B_z(i,j)\right)$$
$$J_z(i,j) = \frac{1}{\sqrt{Z_0}}\left(A_z(i,j) - B_z(i,j)\right)$$

Eq 2-2

2.3 Opérateur de diffraction $\widehat{S}$

L'opérateur de diffraction $\widehat{S}$ est défini dans le domaine spatial. Il traduit les conditions aux limites sur le via, donc les relations de continuité des champs au niveau des vias.

Pour bien décrire le circuit dans le domaine spatial (comme présenté sur la Figure 2.1), nous allons discrétiser le circuit sous forme de cellules élémentaires et nous introduisons les opérateurs échelons, $\widehat{H}_m$, $\widehat{H}_d$ et $\widehat{H}_s$ sachant que $\widehat{H}_m = 1$ sur les vias métalliques et 0 ailleurs, $\widehat{H}_d = 1$ sur les vias vide et 0 ailleurs, et $\widehat{H}_s = 1$ sur les vias source et 0 ailleurs. Le changement de diélectrique au niveau d'un via est explicité dans le chapitre 4.

2.3.1 Cellule avec via métallique

Dans cette cellule, le champ électrique tangentiel est nul sur le métal, soit :
$$E_z(i,j)=0 \; ; \; J_z(i,j)=J_0.$$
En remplaçant ces grandeurs dans l'Eq 2-2 , les égalités précédentes conduisent à :

$$\sqrt{Z_0}(A_z(i,j) + B_z(i,j)) = 0 \qquad \text{Eq 2-3}$$

Ce qui permet d'en déduire que : $B_z(i,j)=-A_z(i,j)$. Finalement pour les cellules avec vias métalliques :

$$S(i,j) = -1$$

2.3.2 Cellule sans via

Dans cette cellule, les conditions aux limites sur les champs électromagnétiques sur le via imposent l'annulation du courant et la continuité du champ électrique, d'où la relation Eq 2-4:

$$\begin{cases} E_z(i,j) \neq 0 \\ J_z(i,j) = 0 \end{cases} \qquad \text{Eq 2-4}$$

Ces relations introduites en Eq 2-2, donnent :

$$\frac{1}{\sqrt{Z_0}}(A_z(i,j) - B_z(i,j)) = 0 \qquad \text{Eq 2-5}$$

Ce qui permet d'en déduire que : $B_z(i,j) = A_z(i,j)$. Finalement pour les cellules sans via :

$$S(i,j) = 1$$

2.3.3 Cellule source

Sur les cellules sources, tout est absorbé. Finalement pour les cellules source :

$$S(i,j) = 0$$

2.3.4 Terme source $A_{0z}(i,j)$

La source est affectée avec pondération en amplitude et phase sur les cellules où se trouve l'excitation pour décrire le mode voulu. Pour générer le mode TE_{10} dans la WCIP, l'excitation se fait au moyen de plusieurs vias (comme présentée sur la Figure 2-3b). Dont l'amplitude correspond à une arche de sinusoïde.

Si on excite avec le mode TEM, on applique une même amplitude sur tous les vias source au lieu de l'arche de sinusoïde (comme présenté sur la Figure 2-3a).

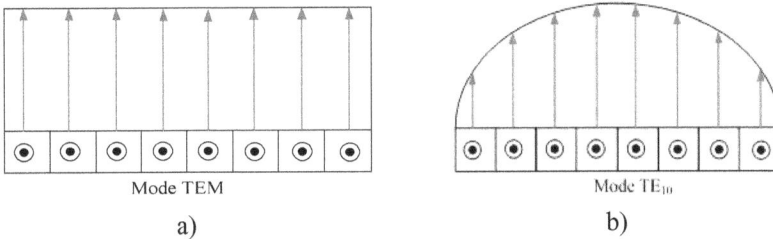

a)
b)

Figure 2-3 Profil de l'amplitude du champ électrique pour exciter les modes a) TEM et b) TE_{10}.

Par un guide coaxial, la source n'est localisée que sur une cellule élémentaire.

2.3.5 Généralisation

Finalement le domaine est décomposé sur les différentes cellules vues précédemment (métallique, diélectrique et source). Chacun des domaines est pointé par sa fonction indicatrice, on donc peut écrire :

$$\hat{S} = -\hat{H}_m + \hat{H}_d + 0.\hat{H}_s$$

Avec :

$$[A_z] = [\hat{S}][B_z] + [A_{oz}] \qquad \text{Eq 2-6}$$

2.3.6 L'impédance de la source (Z_{os})

Le câble coaxial ne peut être décrit directement dans la WCIP, il est fait par l'excitation d'un via localisé. L'impédance interne du câble coaxial est généralement 50Ω. Il faut déterminer pour ce via équivalent, l'impédance de la source pour obtenir le même courant et le même champ que celui généré par le câble coaxial.

Pour calculer l'impédance de la source, nous supposons que la source présente une densité de courant J_o constante selon l'axe Z, dans toute la section du via, une représentation est donnée sur la Figure 2.4.

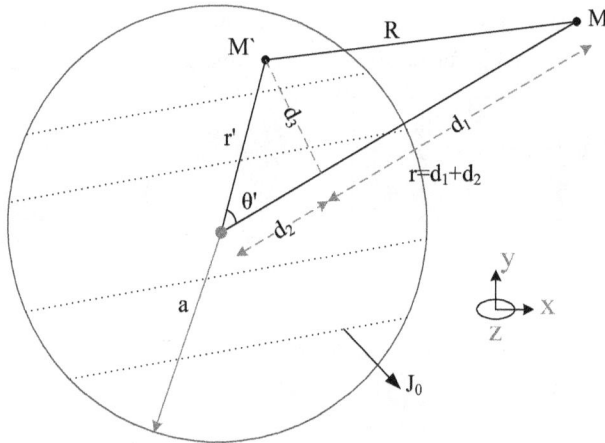

Figure 2.4 Représentation du via.

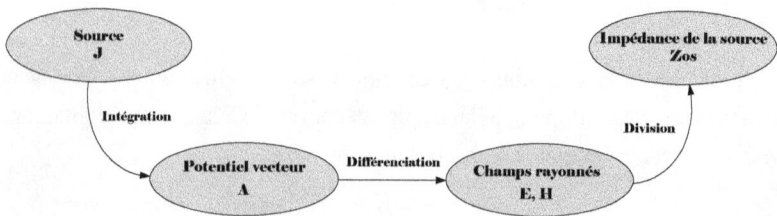

Figure 2.5 Schéma de principe de détermination de Zos

- *Le potentiel vecteur*

On assume que l'impédance vue en zone lointaine correspond à celle du mode propagatif généré par le via.

Le potentiel vecteur A permet de déterminer le champ électromagnétique produit par un courant électrique harmonique constant donné J_0. Il est donné par la relation Eq 2-7. Cette équation a été développée par [97]. Puisque la densité de courant est dirigée le long de l'axe z (J_0), seule la composante A_z existe.

$$A_z = \frac{\mu_0}{4\pi} \int_0^{2\pi} \int_0^a \frac{e^{-jkR}}{R} J_0 r' d\theta' dr' \qquad \text{Eq 2-7}$$

Où en zone lointaine : $R = r - r'\cos\theta'$ dans le terme de phase et $R \approx r$ dans le terme d'amplitude, donc, la relation Eq 2-7 devient [97] :

$$A_z = \frac{\mu_0}{4\pi} J_0 \frac{e^{-jkr}}{r} \int_0^a \left[\int_0^{2\pi} e^{jkr'\cos\theta'} d\theta' \right] r' dr' \qquad \text{Eq 2-8}$$

En intégrant l'équation Eq 2-8 selon θ', on obtient [98]:

$$A_z = \frac{\mu_0}{4\pi} J_0 \frac{e^{-jkr}}{r} \int_0^a [2\pi \mathcal{J}_0(kr')] r' dr' \qquad \text{Eq 2-9}$$

On intègre ensuite en r :

$$A_z = \frac{\mu_0}{4\pi} J_0 \frac{e^{-jkr}}{r} \frac{2\pi a \mathcal{J}_1(ka)}{k} = J_0 \frac{a\mu_0}{2k} \frac{e^{-jkr}}{r} \mathcal{J}_1(ka) \qquad \text{Eq 2-10}$$

- *Le champ magnétique :*

Le champ magnétique est lié au potentiel vecteur par :

$$\vec{H} = \frac{\vec{\nabla} \times \vec{A}}{\mu_0} \qquad \text{Eq 2-11}$$

Puisque les composantes radiale et angulaire du potentiel vecteur sont nulles, il ne reste que sa composante selon z. La relation Eq 2-11 donne l'expression du champ magnétique (seulement angulaire) :

$$H_\theta = \frac{-1}{\mu_0} \frac{\partial A_z}{\partial r} = -J_0 \frac{a * \mathcal{J}_1(ka)}{2k} e^{-jkr} \left[-\frac{jk}{r} - \frac{1}{r^2} \right] \qquad \text{Eq 2-12}$$

Autrement dit :

$$H_\theta = J_0 \frac{a * J_1(ka)}{2k} \frac{e^{-jkr}}{r} \left[jk + \frac{1}{r} \right] \qquad \text{Eq 2-13}$$

- *Le champ électrique :*

L'équation de Maxwell suivante donne le lien entre $\vec{H}$ et $\vec{E}$ sans source :

$$\nabla \times \vec{H} = j\omega\varepsilon\vec{E} \qquad \text{Eq 2-14}$$

Autrement dit :

$$\vec{E} = \frac{\nabla \times \vec{H}}{j\omega\varepsilon} \qquad \text{Eq 2-15}$$

Donc :
$$\vec{E} = \frac{1}{j\omega\varepsilon} \frac{1}{r} \frac{\partial}{\partial r} (rH_\theta)\vec{z} = E_z\vec{z} \qquad \text{Eq 2-16}$$

On vérifie bien que seule la composante suivant z du champ électrique existe. En dérivant H_θ dans l'Eq 2-13 par rapport à la variable r et en substituant la formule obtenue dans la relation précédente, on obtient :

$$E_z = J_0 \frac{a * J_1(ka)}{2k} \frac{1}{j\omega\varepsilon} \frac{e^{-jkr}}{r} \left[-jk\left(jk + \frac{1}{r}\right) - \frac{1}{r^2} \right] \qquad \text{Eq 2-17}$$

alors :

$$E_z = J_0 \frac{a * J_1(ka)}{2k} \frac{1}{j\omega\varepsilon} \frac{e^{-jkr}}{r} \left[k^2 - \frac{jk}{r} - \frac{1}{r^2} \right] \qquad \text{Eq 2-18}$$

L'expression Eq 2-18 peut se réécrire selon :

$$E_z = J_0 \frac{ak * J_1(ka)}{2} \frac{1}{j\omega\varepsilon} \frac{e^{-jkr}}{r} \left[1 + \frac{1}{jkr} - \frac{1}{(kr)^2} \right] \qquad \text{Eq 2-19}$$

- *Impédance de la source :*

Enfin, on peut calculer l'impédance de la source grâce à la relation suivante :

$$Z_{os} = \frac{E_z}{J_0} \qquad \text{Eq 2-20}$$

En substituant Eq 2-19 dans Eq 2-20, on obtient :

$$Z_{os} = \frac{ak * J_1(ka)}{2} \frac{1}{j\omega\varepsilon} \frac{e^{-jkr}}{r} \left[1 + \frac{1}{jkr} - \frac{1}{(kr)^2} \right] \qquad \text{Eq 2-21}$$

avec :

$$k = \omega\sqrt{\varepsilon_0\varepsilon_r\mu_0}; \sqrt{\frac{\mu_0}{\varepsilon}} = \frac{120\pi}{\sqrt{\varepsilon_r}} \qquad \text{Eq 2-22}$$

Nous obtenons la relation finale de l'impédance du via source correspondant à l'excitation coaxiale :

$$Z_{os} = \frac{120\pi}{j\sqrt{\varepsilon_r}}\frac{a*J_1(ka)}{2}\frac{e^{-jkr}}{r}\left[1 + \frac{1}{jkr} - \frac{1}{(kr)^2}\right] \qquad \text{Eq 2-23}$$

On a calculé la valeur maximale de $Z_{os}(\max)$ et aussi la valeur minimale $Z_{os}(\min)$ dans le via. On constate que Z_{os} est maximum pour r=a et est minimum pour r≈0, sa valeur moyenne est :

$$Z_{os} = abs\left(real\left(\frac{Z_{os(Max)} + Z_{os(Min)}}{2}\right)\right) \qquad \text{Eq 2-24}$$

Sur les Figures 2.6, la valeur de l'impédance de la source est présentée sur deux exemples, de balayage en fréquence : entre 4 et 6 GHz pour des permittivités relatives de 2.55 à 4.3 (le rayon du via est de 0.375 mm), et entre 2.5 et 5 GHz pour des permittivités relatives de 2.55 à 4.3 (le rayon du via est de 0.625 mm). On constate que ces impédances sont très faibles qu'elles varient en fréquence mais peu en permittivité à fréquence fixe.

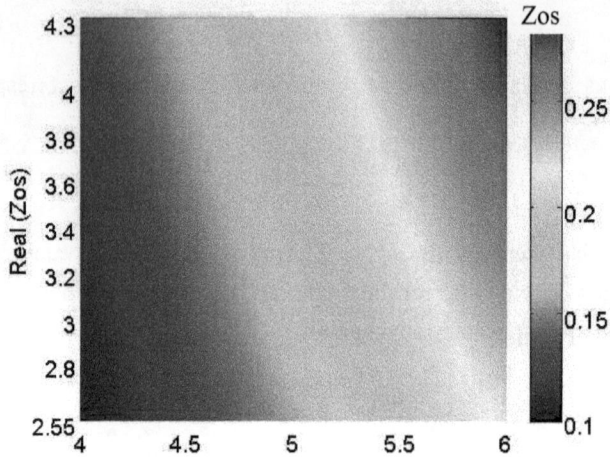

a)

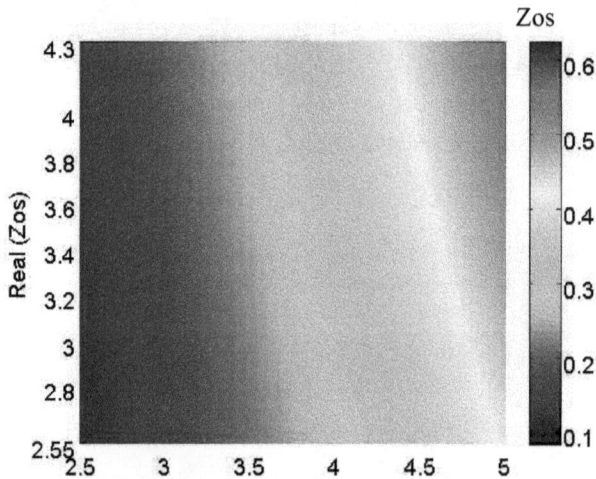

b)

Figures 2.6 Impédance de la source en fonction de la fréquence et de la permittivité diélectrique pour deux rayon de via a) 0.375 mm b) 0.625 mm.

2.4 Opérateur de réflexion $\hat{\Gamma}$

L'opérateur $\hat{\Gamma}$ traduit la réponse de l'environnement extérieur (autour du via) et lie les ondes entrantes et sortantes dans le domaine modal. Dans l'expression de $\hat{\Gamma}$ la nature des parois du boîtier est prise en compte. Il assure le lien entre les ondes diffractées (A_z) par le via et les ondes incidentes (B_z) (Figure 2.2). Cet opérateur s'exprime sous la forme Eq 2-25:

$$\hat{\Gamma} = \sum_{\alpha,\beta,m,n} |F_{pq} > \Gamma_{pq} < F_{pq}|$$

Eq 2-25

avec:

$$\Gamma_{pq} = \frac{z_{pq}-Z_0}{z_{pq}+Z_0}$$

où Z_0 désigne l'impédance de référence ;

z_{pq} l'impédance du mode;

F_{pq} la fonction de base des modes du boîtier contenant le circuit ;

Bases orthonormées de la structure SIW : Soit le circuit de la Figure 2.7, les fonctions de la base modale orthonormée de ce circuit sont exprimées par Eq 2-26.

$$F_{pq} = \frac{1}{\sqrt{D_x D_y}} e^{j\alpha_p x} e^{j\beta_q y} \qquad p,q \in Z$$

Eq 2-26

avec $\alpha_p = \frac{2\pi p}{D_x}$ et $\beta_q = \frac{2\pi q}{D_y}$

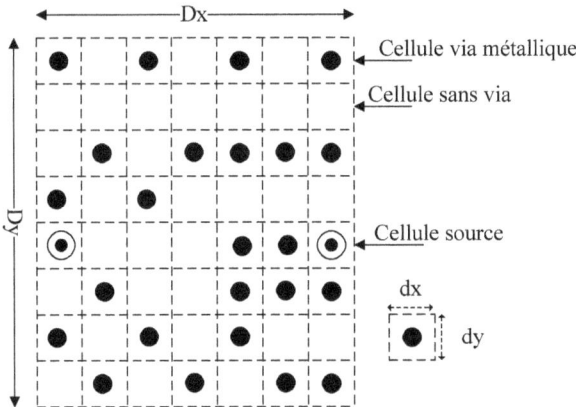

Figure 2.7 Configuration de circuit SIW.

Chaque mode de la structure globale est décomposé sur une base orthonormée correspondant à la cellule élémentaire selon Eq 2-27.

$$f_{pq,mn} = \frac{1}{\sqrt{d_x d_y}} e^{j\alpha_m x} e^{j\beta_n y}$$ Eq 2-27

avec $\alpha_m = \frac{2\pi p}{D_x} + \frac{2\pi m}{d_x} = \alpha_p + \frac{2\pi m}{d_x}$ et $\beta_n = \frac{2\pi q}{D_y} + \frac{2\pi n}{d_y} = \beta_q + \frac{2\pi n}{d_y}$

$(p, q, m, n \epsilon Z)$

Pour déterminer $\hat{r}$ il reste donc à définir Z_{pq}

Relations générales entre E_z et J_z :

Nous devons donc trouver la relation entre J_z et E_z à partir des équations de Maxwell:

$$\begin{cases} \nabla \times E = -j\omega\mu_0 H \\ \nabla \times H = j\omega\varepsilon E + J \end{cases}$$ Eq 2-28

Donc $\nabla \times (\nabla \times E) = -j\omega\mu_0 \nabla \times H = -j\omega\mu_0 (j\omega\varepsilon E + J)$

Comme $\nabla \times (\nabla \times E) = \nabla\nabla \cdot E - \Delta E$

Et $\nabla \cdot E = 0$

On a donc $\nabla \times (\nabla \times E) = -\Delta E$

Le problème est indépendant de z donc : $\Delta E = \Delta_r E$. On en déduit donc :

$$[\Delta_T + k_0^2 \varepsilon_r] E_z = j\omega\mu_0 J_z$$ Eq 2-29

Avec : k_0 : le nombre d'onde dans le vide $k_0^2 = \omega^2 \varepsilon_0 \mu_0$.

ε_0 la permittivité du vide (F/m), μ_0 la perméabilité magnétique du vide (H/m), ω la pulsation angulaire égale à $2.\pi.f$ (rd/s).

Si E_z se décompose sur la base orthonormée décrite par les fonctions $f_{pq,mn}$ de Eq 2-27. Alors pour le mode indicé pq,mn :

$$\Delta_T = -\alpha_m{}^2 - \beta_n{}^2$$

$$\Delta_T = -(\alpha_p + \frac{2\pi m}{d_x})^2 - (\beta_q + \frac{2\pi n}{d_y})^2$$ Eq 2-30

Donc l'impédance $Z_{pq,mn}$ correspondant à la cellule élémentaire est:

$$Z_{pq,mn} = \frac{E_{pq,mn}}{J_{pq,mn}} = \frac{j\omega\mu_0}{k_0^2\varepsilon_r - (\alpha_p + \frac{2\pi m}{d_x})^2 - (\beta_q + \frac{2\pi n}{d_y})^2} \qquad \text{Eq 2-31}$$

Le courant est décrit par Eq 2-32 sur le via pour le mode (p,q) donné :

$$J_{pq} = \tilde{J}_{pq} H_v \qquad \text{Eq 2-32}$$

Avec $\tilde{J}_{pq}$: l'amplitude du courant sur le via pour le mode (p,q) et H_v : L'indicateur normalisé du via .

avec
$$H_v = \begin{cases} \dfrac{1}{\sqrt{S}} & \text{sur le via} \\ 0 & \text{ailleurs} \end{cases}$$

avec S la surface de la section transverse du via.

Le champ électrique sur le via est exprimé par Eq 2-33 pour le mode (p,q):

$$E_{pq} = \tilde{E}_{pq} H_v \qquad \text{Eq 2-33}$$

Soit l'opérateur impédance liant les composantes spectrales :

$$\tilde{E}_{pq} = Z_{pq}\tilde{J}_{pq} \qquad \text{Eq 2-34}$$

où $\tilde{J}_{pq}$ et $\tilde{E}_{pq}$ désignent les amplitudes modales des champs J_z et E_z sur le mode (p,q).

En posant :
$$\hat{Z} = \sum_{p,q}\sum_{m,n} |f_{pq,mn}\rangle Z_{pq,mn} \langle f_{pq,mn}| \qquad \text{Eq 2-35}$$

et:
$$\hat{Z} = \sum_{pq} |F_{pq}\rangle Z_{pq} \langle F_{pq}| \qquad \text{Eq 2-36}$$

$$\langle H_v|E_{pq}\rangle = \tilde{E}_{pq} \text{ et } \langle H_v|J_{pq}\rangle = \tilde{J}_{pq}$$

On déduit:

Donc le module est
$$\tilde{E}_{pq} = \langle H_v|\hat{Z}J_{pq}\rangle$$
$$= \sum_{m,n} \langle H_v|f_{pq,mn}\rangle Z_{pq,mn} \langle f_{pq,mn}|H_v\rangle J_{pq}$$

$$Z_{pq} = \sum_{m,n} \langle H_v | f_{pq,mn} \rangle \, Z_{pq,mn} \, \langle f_{pq,mn} | H_v \rangle$$

$$Z_{pq} = \sum_{m,n} |\langle H_v | f_{pq,mn} \rangle|^2 \, Z_{pq,mn} \qquad \text{Eq 2-37}$$

On en déduit l'impédance de mode :

$$Z_{pq} = \sum_{m,n} \frac{j\omega\mu_0 |\langle H_v | f_{pq,mn} \rangle|^2}{k_0^2 \varepsilon_r - (\alpha_p + \frac{2\pi m}{d_x})^2 - (\beta_q + \frac{2\pi n}{d_y})^2} \qquad \text{Eq 2-38}$$

Le détail de calcul du terme : $\left|\langle H_v | f_{pq,mn} \rangle\right|^2$ est donné en Annexes A, B et C, il dépend de la forme du via (carre, cylindrique sans ou avec variation angulaire). Dans ce chapitre une seule fonction d'essai est utilisée pour d'écrire le via qui peut être rectangulaire ou cylindrique, la variation angulaire n'est pas prise en compte.

La relation entre les ondes dans le domaine spectral est :

$$\bar{B}_z = \bar{\Gamma} \bar{A}_z \qquad \text{Eq 2-39}$$

2.5 Transformée en mode rapide (FMT)

On a donc défini deux relations Eq 2-6 et Eq 2-39 qui lient les ondes entrantes et sortantes vues du via. Ces deux relations ne sont pas définies dans le même espace (spatial et modal). Le passage d'un domaine à l'autre doit se faire rapidement d'où l'utilisation d'une transformée en mode rapide et de son inverse.

La transformée de Fourier rapide en mode est usuellement une fonction permettant de définir les amplitudes des modes à partir des amplitudes sur les pixels dans le domaine spatial. Son utilisation dans la méthode itérative permet un temps de calcul faible.

$$\left[\tilde{A}_z\right]_{p,q} = FMT\!\left([A_z]_{i,j}\right) \qquad \text{Eq 2-40}$$

On accède aussi aux ondes dans le domaine spatial en fonction des ondes dans le domaine modal par :

$$[B_z]_{i,j} = FMT^{-1}\!\left([\tilde{B}_z]_{p,q}\right) \qquad \text{Eq 2-41}$$

avec p, q ∈ Z et i, j ∈ N (numéro du pixel).

FMT et FMT^{-1} signifient respectivement la transformée en mode rapide et son inverse.

La FMT nécessite donc une discrétisation des domaines spatial et modal. La discrétisation du premier domaine est réalisée par le maillage régulier du circuit en petites cellules élémentaires dont les dimensions sont liées aux dimensions des circuits passifs. Les grandeurs électromagnétiques et les ondes (incidentes et réfléchies) sont représentées par des matrices dont les dimensions dépendent de la densité de ce maillage.

2.6 Processus itératif

Le processus itératif consiste à établir une relation de récurrence entre les ondes incidentes et réfléchies dans ces deux domaines, comme l'indique la Figure 2.8.

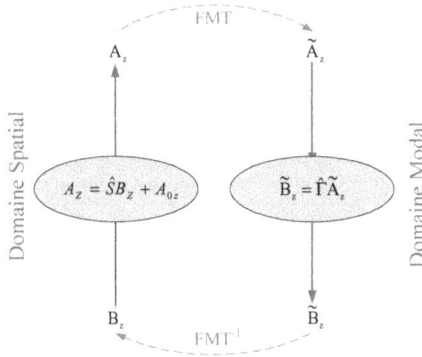

Figure 2.8 Schéma de principe du processus itératif.

Pour l'analyse fonctionnelle de ce processus, on considérera qu'à l'initialisation, la structure est excitée par une source qui émet une onde incidente A_{0z} définie sur un ou plusieurs via. Cette onde se diffracte sur l'espace environnant, en donnant naissance à l'onde incidente notée B_z, qui à son tour est réfléchie pour donner ensuite l'onde notée A_z et ainsi de suite jusqu'à convergence.

Finalement, les ondes incidentes et réfléchies sont donc liées par le système suivant :

$$\begin{cases} A_{z(i,j)} = S_{(i,j)}B_{z(i,j)} + A_{0z(i,j)} \\ \tilde{B}_{z(p,q)} = \Gamma_{(p,q)}\tilde{A}_{z(p,q)} \\ \tilde{A}_z = FMT(A_z) \\ B_z = FMT^{-1}(\tilde{B}_z) \end{cases} \qquad \text{Eq 2-42}$$

Nous calculons les paramètres du circuit global vus des ports : les impédances d'entrée Z_{11} et de couplage Z_{21}, les paramètres S, le champ E_z, la densité du courant J_z,... etc.

2.7 SIW avec variation Angulaire dans la formulation WCIP

Dans les structures SIW étudiées (les guides, des cavités et les filtres) des vias de rayon très petit [78], [79], [80], [99], [100] comparé à la longueur d'ondes d'intérêt sont utilisés. L'influence du rayon est donc négligeable. Ces vias peuvent être considérés comme angulairement invariants. Cependant pour des vias de rayon plus grand [101], la circonférence peut impacter sur les résultats obtenus. Une attention particulière doit donc être accordée à ces applications.

La WCIP a été développée pour étudier les structures SIW, avec en hypothèse une invariance angulaire des vias utilisés [93], [102], notamment pour simplifier le calcul. Les vias sont ainsi considérés comme carrés. Dans ce paragraphe, la méthode est étendue pour prendre en compte la variation angulaire sur les vias. Les vias sont donc cylindriques dans ces développements.

Une validation est présentée par comparaison entre mesure, méthode des éléments finis (HFSS) et WCIP (vias carrés et cylindriques).

Nouvelles notation des ondes

Les ondes ne sont plus décomposées dans le domaine spatial sur une seule fonction normalisée H indiquant la position du via dans la cellule, mais sur une base H_k qui prend en compte les variations angulaires. Cette base est détaillée dans Eq 2-43. Le via a une forme cylindrique (voir Annexe B) ce qui permet de traiter la variation angulaire et de vérifier l'approximation faite avec le via carré.

$$H_k(\rho,\theta) = \begin{cases} \dfrac{e^{jk\theta}}{a\sqrt{\pi}} & \text{pour } \rho \in [0,a], \theta \in [0,2\pi] \\ 0 & \text{sinon} \end{cases} \qquad \text{Eq 2-43}$$

où idéalement $k \in \,]-\infty; +\infty[$, mais le nombre de fonctions test doit être fini par conséquent $k \in \,]-K;+K[$. Donc A_z et B_z de l'équation Eq 2-42 ne sont plus définis par un vecteur de dimension NxM (si N et M correspondent au nombre de via le long des coordonnées x et y), mais sur N×M× (2 K +1) composantes. Par simplicité ce vecteur est noté A_z^k et B_z^k pour afficher la dépendance angulaire.

L'opérateur de diffraction dans le domaine spatial

Les conditions aux limites sur les vias du circuit ne sont pas affectées par cette nouvelle formulation, par conséquent, l'opérateur $\hat{S}$ reste inchangé par rapport au paragraphe 2.3. Cet opérateur est appliqué de la même façon quelle que soit la variation angulaire.

L'opérateur de réflexion dans le domaine modal

Des composantes angulaires se retrouvent par contre dans l'opérateur modal. L'impédance de mode dépend de la variation angulaire selon Eq 2-44.

$$Z_{pqkikj} = \sum_{n,m} \frac{j\omega\mu_0 \left\langle H_{ki} \middle| f_{pq,mn} \right\rangle\left\langle f_{pq,mn} \middle| H_{kj} \right\rangle}{k_0^2 \varepsilon_r - \alpha_m^2 - \beta_n^2} \qquad \text{Eq 2-44}$$

La base modale et les constantes de propagation restent identiques à celles décrites au paragraphe 2.4. Le produit scalaire entre les fonctions de base modale et les fonctions de tests est réalisé numériquement avec une approximation quadratique cylindrique (voir Annexe C). L'opérateur modal déduit de l'admittance modale est lié à la composante angulaire d'un même mode par Eq 2-45.

$$\left[\Gamma_{pqkikj}\right] = \left(\left[Z_{pqkikj}\right] - Z_0 II\right)\left(\left[Z_{pqkikj}\right] + Z_0 II\right)^{-1} \qquad \text{Eq 2-45}$$

Où $\left[Z_{pqkikj}\right]$ est une matrice carrée de dimension $(2K+1)^2$, la composante de la $i^{\text{iéme}}$ ligne et la $j^{\text{iéme}}$ colonne est notée $Z_{pq,kikj}$ précédemment décrite dans Eq 2-44. L'opérateur modal est donc décomposé en composante modale angulaire selon.

$$\hat{\Gamma}_{kikj} = \sum_{p,q} \left| F_{p,q} \right\rangle \left[\Gamma_{pq,kikj}\right]\left\langle F_{p,q} \right| \qquad \text{Eq 2-46}$$

Processus itératif

Le processus itératif est explicité dans le système Eq 2-47, où l'opérateur de diffraction dans le domaine spatial est indépendant de la variation angulaire (même indices k_i), alors que l'opérateur de réflexion dans le domaine modal couple les variations angulaires (indices k différents entre ondes incidentes et réfléchies). La connexion entre le domaine spatial et le domaine modal est toujours effectuée par le Transformation Modale Rapide (FMT) et son inverse (FMT^{-1}) avec Eq 2-47.

$$\begin{cases} A_z^{ki} = \hat{S}B_z^{ki} + A_0^{ki} \\ \widetilde{B}_z^{ki} = \hat{\Gamma}_{kikj}\widetilde{A}_z^{kj} \\ \widetilde{A}_z^{ki} = FMT\left(A_z^{ki}\right) \\ B_z^{ki} = FMT^{-1}\left(\widetilde{B}_z^{ki}\right) \end{cases}$$ Eq 2-47

2.7.1 Résultats numériques

La méthode WCIP est une méthode efficace pour l'étude de circuits SIW avec et sans prendre en considération la variation angulaire. D'autres investigations seront traitées sur l'impact de la variation angulaire en fonction de la longueur d'onde, même si dans la plupart des structures SIW ce paramètre n'a pas vraiment influence sur les résultats obtenus suite aux petites dimensions des vias.

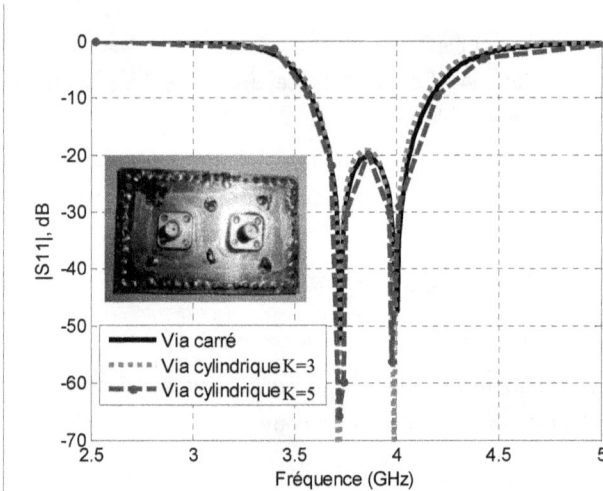

a) Réflexion

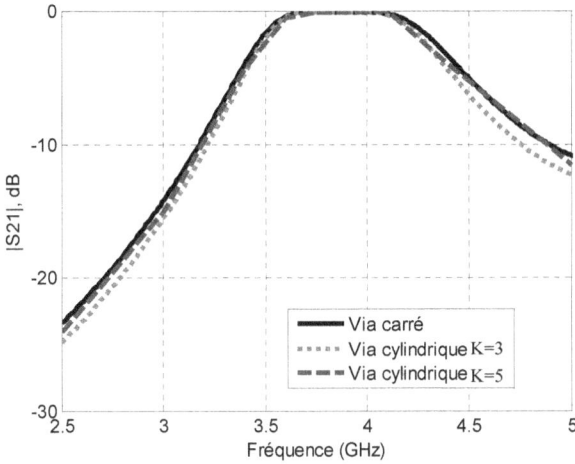

b) Transmission

Figure 2.9 Sensibilité à la variation angulaire des vias, k désigne le nombre de fonction à variations circulaires utilisés.

Cette technique ne peut être testée que pour de petites dimensions de circuits car la prise en compte de la variation angulaire est couteuse en temps de calcul. Temps qui pourrait être amélioré dans une étude spécifique.

2.8 Conclusion

Dans ce chapitre, nous avons présenté une nouvelle formulation de la méthode itérative pour traiter les circuits SIW avec et sans considération de variation angulaire pour des vias. Nous avons déterminé la valeur de l'impédance de la source équivalente au coaxial et expliqué comment créer une excitation en mode TE_{10} et en mode TEM pour la WCIP. Ces sources constituent la majorité des sources dans ce type de circuits. Nous avons regardé l'hypothèse faite sur la forme et la variation angulaire du via, une méthode spécifique plus performante permettrait de la prendre en compte, néanmoins son utilisation semble mineure dans la majorité des circuits SIW rencontrés.

CHAPITRE.3

**APPLICATION DE LA METHODE ITERATIVE
A DES STRUCTURES MICRO-ONDES SIW
METALLIQUES**

Application aux structures micro-ondes SIW

3.1 Introduction

Ces dernières années, une demande croissante de circuits passifs qui répondent aux critères suivants : faibles pertes d'insertion, facilité de fabrication et d'intégration est apparue. Les circuits en technologie guides d'ondes présentent de meilleures performances que ceux en technologie planaire mais ils sont difficiles à intégrer avec les composants actifs et à réaliser dans des bandes millimétriques là où les dimensions deviennent plus critiques.

La technologie SIW (Substrate Integrated Waveguide) est une technologie récente, qui a la particularité d'être intégrée dans un substrat diélectrique et de rester compatible avec des circuits planaires. Les structures SIW sont à la base de la conception de plusieurs circuits planaires millimétriques [103], [104], [105]. La technologie SIW permet d'intégrer le guide d'onde dans le substrat par l'intermédiaire de rangées de trous métallisés remplaçant les murs latéraux métalliques (Figure 3-1). Cet ensemble de trous métallisés permet de délimiter un guide, dans lequel les modes vont apparaître. Utilisés dans des cavités, ces modes présentent des coefficients de qualité directement dépendants des performances électriques du substrat (pertes diélectriques), du métal (pertes conductrices) mais aussi et surtout de la forme et des dimensions de la structure SIW.

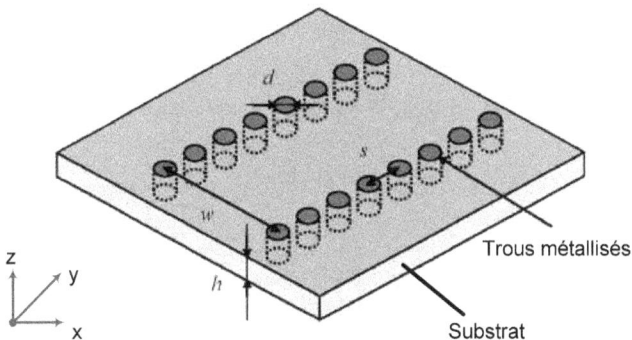

Figure 3-1: Guide SIW

Avec le développement des circuits SIW, la modélisation est devenue un enjeu majeur complexe [106]-[107]. Parmi les méthodes les plus connues, on peut citer les méthodes des Moments (MoM) [73], la méthode des éléments finis (FEM) [75], [76] qui sont considérées comme des méthodes performantes. Elles demandent néanmoins beaucoup de temps de calcul et une occupation mémoire importante pour la simulation. L'alternative trouvée dans la WCIP permet de caractériser des structures hyperfréquences à partir d'une formulation simple décrite dans le deuxième chapitre.

Dans ce paragraphe, trois types de structures SIW sont présentés, comparés avec les mesures et les références bibliographiques utilisant des méthodes autres que la WCIP. Nous avons modélisé, dans un premier temps, des guides SIW, puis des cavités SIW, enfin, des filtres passe-bande de différentes formes.

La méthode itérative utilisée, du fait de sa formulation assez simple, pourrait être appliquée pour l'étude de structures planaires en technologie SIW beaucoup plus complexes.

3.2 Guide SIW

3.2.1 Guide SIW TEM

On se propose ici de qualifier, par simulation avec la WCIP, les propriétés du guide SIW TEM. La structure est représentée sur la Figure 3-2. Elle est délimitée par des parois périodiques (m.p) en $y = 0$ et $y = d$, et des parois magnétiques (m.m) en $x = 0$ et $x = \ell_2$. La source est représentée sur 1 via. Le rayon des vias est 0,083 mm. La largeur d'une cellule est de 0.46 mm. Le via métallique permet de réaliser un mur électrique à la distance ℓ_1 de la source. La permittivité relative du substrat est de 4.3 et son épaisseur est de 3.2 mm. La distance ℓ_1 est de 211.14 mm, la longueur ℓ_2 est de 212.06 mm.

$$k = k_0 \sqrt{\varepsilon_r} = \frac{2\pi}{\lambda_g}$$

Eq 3-1

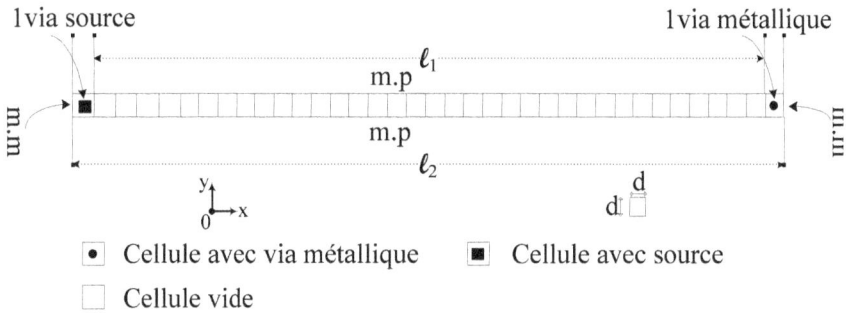

Figure 3-2: Guide SIW TEM.

Le nombre d'onde obtenu à partir de la mesure des périodes du champ électrique obtenu par la WCIP, dans le guide entre la source et le mur électrique est comparé à sa valeur théorique pour trois fréquences (10GHz, 12GHz, 14GHz). À 14 GHz, La valeur théorique du nombre d'onde est 608.02 rad.m^{-1}. Par simulation avec la WCIP on observe 40 périodes sur une longueur de 212.06 mm, comme présenté sur la Figure 3-3.

La longueur d'onde guidée est donc 10.327 mm, soit un nombre d'onde de 608.423 rad.m^{-1}. L'erreur relative de simulation obtenue avec WCIP sur le nombre d'onde est de 0.006%. La simulation FEM conduit à un nombre d'onde de 607.14 rad.m^{-1} dans les mêmes conditions. L'erreur relative de simulation pour la FEM sur le nombre d'onde est 0.14 %.

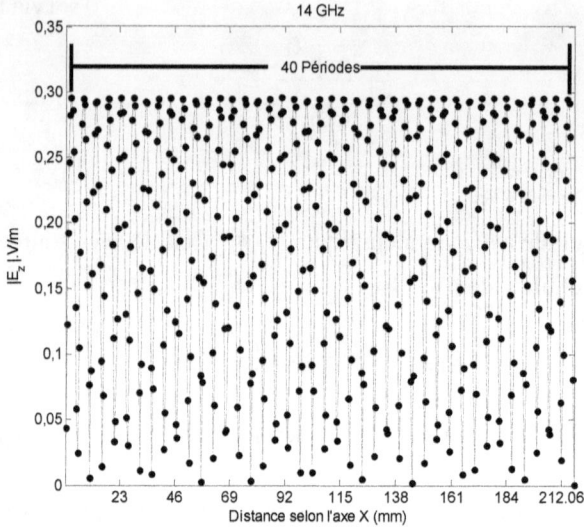

Figure 3-3 Le champ électrique $|E_z|$ à 14 GHz.

Le temps de simulation avec la WCIP est de 16s contre 1min 2s pour le logiciel de simulation FEM pour un point de fréquence. (CPU : Intel Core 2 Due E6550@2.33GHz, RAM : 4Go), (HFSS : mesh : 118580 tetrahedra, Δs :0.01, N° de passes max :20).

Dans le Tableau 3.1, le nombre d'onde et la longueur d'onde guidée sont comparés pour trois fréquences dans les mêmes conditions.

Tableau 3.1 : Le nombre d'onde k et la longueur d'onde guidée λ_g

Fréquence (GHz)	k (rad.m^{-1})			Erreur relative (%)		Temps de calcul (s)	
	Théorique	Simulé WCIP	Simulé HFSS	WCIP	HFSS	WCIP	HFSS
10	434.3	433.62	433.23	0.15	0.24	15	51
12	521.16	520.63	519.95	0.1	0.23	16	57
14	608.02	608.42	607.14	0.006	0.14	16	62

Sur les Figures 3-4, le champ électrique $|E_z|$ est représenté à 10 GHz et 12 GHz pour les simulations avec la WCIP.

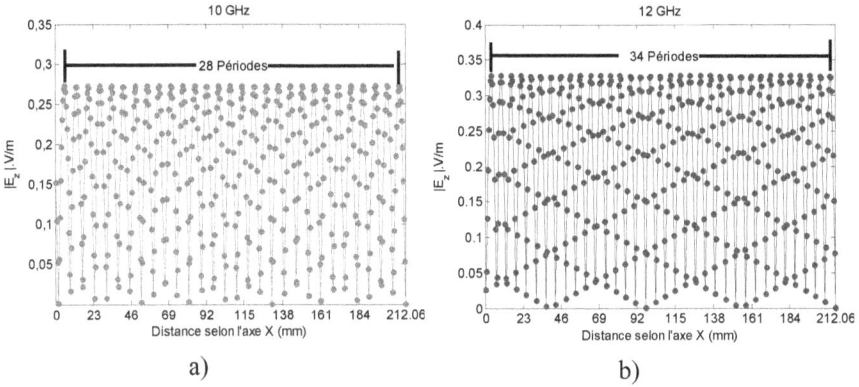

a)   b)

Figures 3-4 Le champ électrique $|E_z|$ à a) 10 GHz et b) 12 GHz.

3.2.2 Guide SIW TE$_{10}$

On se propose ici de qualifier, par simulation avec la WCIP les propriétés du guide SIW TE$_{10}$. Le circuit étudié est représenté sur la Figure 3-5 (p=0.46mm, ℓ_1=210.68mm, ℓ_2=211.6mm, w=10.12mm). On souhaite caractériser son mode fondamental, le mode TE$_{10}$. Le rayon du via est de 0.083mm. La permittivité relative du substrat est de 4.3. La source est représentée sur 20 cellules équiphase avec une distribution en amplitude selon une sinusoïde pour exciter le mode TE$_{10}$. Le guide est bordé de murs périodiques (m.p) placés en y=0 et en y=w, et des murs magnétiques (m.m) en x=0 et en x=ℓ_2, comme indiqué sur la Figure 3-5.

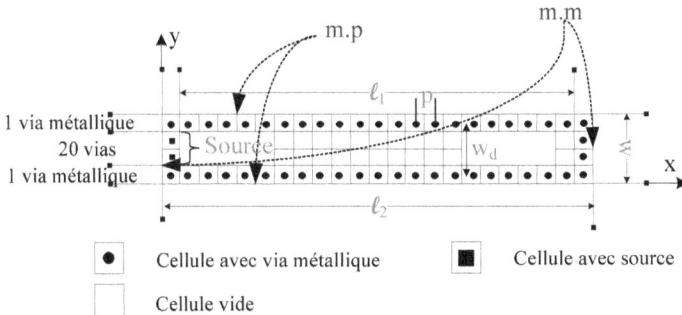

Figure 3-5 Guide SIW de mode fondamental TE$_{10}$.

La simulation du champ électrique au centre du guide (y=w/2) est représentée sur la Figure 3-6. La largeur effective w_{d-eff} du guide calculée par [108], [109], [110] est comparée avec celle déduite de la mesure des périodes du champ électrique obtenu par la WCIP entre la source et le mur électrique :

$$w_{d-eff} = w_d - \frac{(2a)^2}{0.95p} = 9.5969mm \qquad \text{Eq 3-2}$$

où w_d désigne la largeur physique du guide, avec la largeur effective w_{d-eff}. On obtient un w_{d-eff} de 9.5969mm.

À partir de l'équation de propagation :

$$(\Delta + k_0^2 \varepsilon_r)E_z = 0 \qquad \text{Eq 3-3}$$

Cette relation peut s'écrire en coordonnées cartésiennes :

$$\left(\frac{\partial^2}{\partial x^2} + \frac{\partial^2}{\partial y^2} + \frac{\partial^2}{\partial z^2} + k_0^2 \varepsilon_r \right) E_z = 0 \qquad \text{Eq 3-4}$$

On déduit :

$$-k^2 - \frac{\pi^2}{w_{d-eff}^2} + k_0^2 \varepsilon_r = 0 \qquad \text{Eq 3-5}$$

Donc :

$$w_{d-eff} = \frac{\pi}{\sqrt{k_0^2 \varepsilon_r - k^2}} \qquad \text{Eq 3-6}$$

avec $k = \frac{2\pi}{\lambda_g}$

Evaluons w_{d-eff} pour une fréquence de 12GHz. Le champ électrique obtenu avec la WCIP au centre du guide est représenté sur la Figure 3-6. On observe 26 périodes du champ. La valeur de λ_g est 15.463mm. On obtient alors en appliquant Eq 3-6, une largeur effective de guide w_{d-eff} de 9.626 mm par la WCIP contre 9.5969mm attendus théoriquement avec Eq 3-2. Une erreur relative de 0.31% est obtenue par simulation avec la WCIP. La valeur de λ_g obtenue avec la FEM est de 15.448mm, soit une largeur effective de guide w_{d-eff} de 9.641 mm. Une erreur relative de 0.46% est obtenue par la simulation avec la FEM. Le temps de simulation avec la WCIP est de 116s contre 1h 28min avec la FEM (HFSS : mesh : 2647051 tetrahedra, Δs :0.01, N° de passes max :20).

.

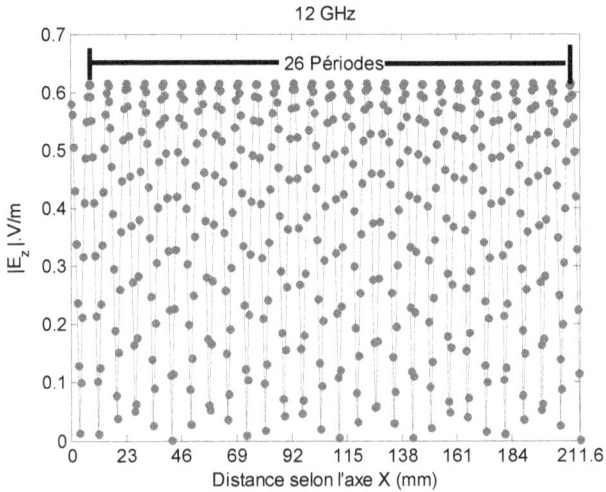

Figure 3-6 Champ électrique $|E_z|$ au centre du guide (y=w/2) à 12GHz.

La longueur d'onde guidée et la largeur effective sont comparées pour trois fréquences dans le Tableau 3.2 et le Tableau 3.3.

Tableau 3.2 : La longueur d'onde guidée λ_g

Fréquence (GHz)	λ_g (mm)			Erreur relative (%)		Temps de calcul (s)	
	Théorique	Simulé WCIP	Simulé HFSS	WCIP	HFSS	WCIP	HFSS
10	22.027	21.875	21.83	0.69	0.89	115	3481
12	15.498	15.463	15.448	0.22	0.32	116	5280
14	12.265	12.26	12.24	0.04	0.2	116	7236

Tableau 3.3: La largeur effective w_{d-eff}

Fréquence (GHz)	W_{d-eff} (mm)			Erreur relative (%)	
	Théorique	Simulé WCIP	Simulé HFSS	WCIP	HFSS
10	9.596	9.643	9.659	0.48	0.65
12	9.596	9.626	9.641	0.31	0.46
14	9.596	9.589	9.601	0.07	0.05

Sur les Figures 3-7 le champ électrique $|E_z|$ au centre du guide est représenté à 10 GHz et 14 GHz pour les simulations avec WCIP.

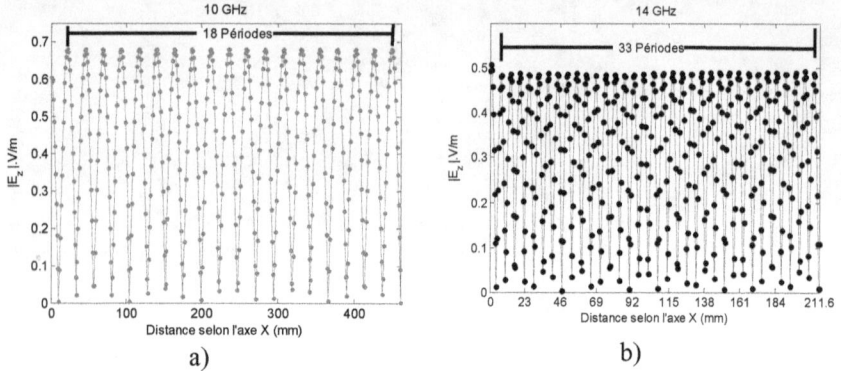

Figures 3-7 Le champ électrique $|E_z|$ au centre du guide à a) 10 GHz et b) 14 GHz.

3.2.3 Guide rectangulaire SIW réel

L'objectif de cette partie est de vérifier les résultats obtenus avec la WCIP dans des conditions d'excitation coaxiale sur les paramètres S obtenus.

Le guide est réalisé sur un substrat FR4 de permittivité relative 4.3 et de tangente de perte 0.017 avec une épaisseur de 3.2mm. Sur la Figure 3-9, les notations relations au guide sont indiquées. Le rayon a et l'espacement p des vias sont respectivement de 0.83mm et 4.6mm ; les largeurs w_1 et w_2 sont respectivement de 13.8mm (centre à centre) et 23mm. Les longueurs ℓ_1 et ℓ_2 sont respectivement 101.2mm et 119.6mm [111]. Pour la WCIP, le guide est bordé de murs périodiques (m.p) et murs magnétiques (m.m).

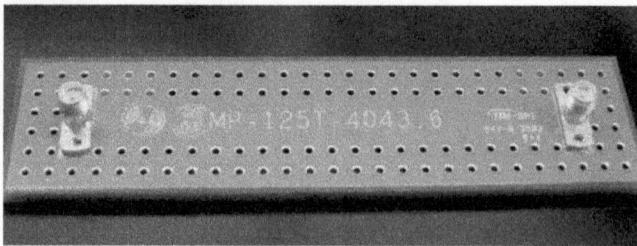

Figure 3-8 Cavité [111]

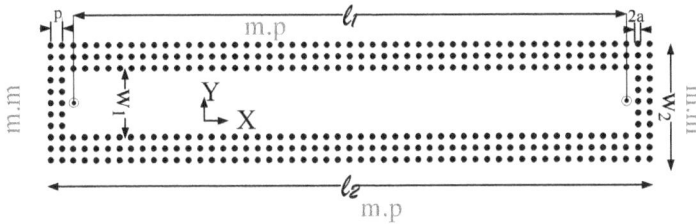

Figure 3-9 Schéma pour la WCIP de la cavité de la Figure 3-8

HFSS, la WCIP et la mesure [111] sont en bon accord comme en atteste la Figure 3-10, la fréquence de coupure du mode propagatif se situe aux alentours de 5.8 GHz.

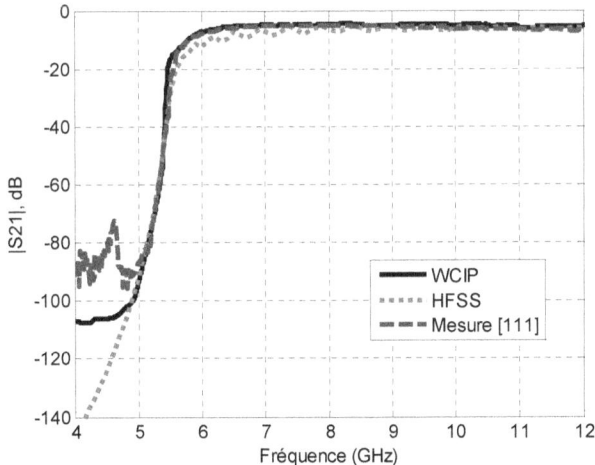

Figure 3-10 Comparaison des paramètres de transmission du guide obtenus avec la WCIP, HFSS et en mesure [111].

Le temps de simulation avec la WCIP est de 0.14s contre 17.14s pour la FEM (HFSS : mesh : 32947 tetrahedra, Δs :0.01, N° de passes max :20) par point de fréquence. Une analyse paramétrique du guide (Mur périodique et Mur magnétique) est présentée dans l'Annexe D

- *Sensibilité à la forme du via*

Nous utilisons des vias cylindriques au lieu des vias carres. On ne note pas dans la simulation WCIP de changement notable comme en atteste la Figure 3-11 [112] entre les résultats de simulation.

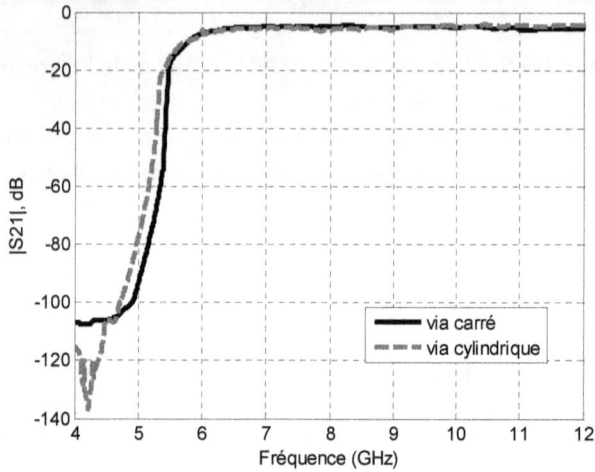

Figure 3-11 Comparaison des paramètres de transmission avec changement de la forme des vias.

- *Conclusion*

Dans cette première partie, les simulations avec la WCIP d'un guide SIW de mode fondamental TEM puis TE_{10} ont été conduites. Les résultats sont concordants avec la théorie et la FEM avec des temps de calcul très faibles. Ensuite, un guide rectangulaire SIW réel avec excitation coaxiale a été étudié. Les résultats de simulation sont confrontés avec ceux issus de FEM et la mesure [111]. On observe une bonne concordance, avec des temps de calcul réduits par rapport à la FEM.

3.3 Cavités couplées SIW

La cavité est définie à l'aide de trous métallisés (vias) périodiques définissant des murs latéraux (Figure 3-12). Elle présente une réponse à bande étroite, de faibles pertes, et la réponse électrique est figée en termes de bande passante et de fréquence centrale en fonction des dimensions.

3.3.1.a *Cavités SIW couplées*

On étudie ici le couplage entre deux cavités SIW en bande C. Les dimensions des cavités couplées, comme représenté sur la Figure 3-12, sont p = 1mm, d = 0.75mm, $w_1 = \ell = 26$mm, $w_2 = 4$mm et $w_3 = 56$mm. L'épaisseur du substrat est de 0.5mm, sa permittivité relative ε_r est de 2.65. La section du guide d'ondes à modes évanescents de largeur w présente une longueur constante de $w_z = 4$mm. La longueur w peut être variable.

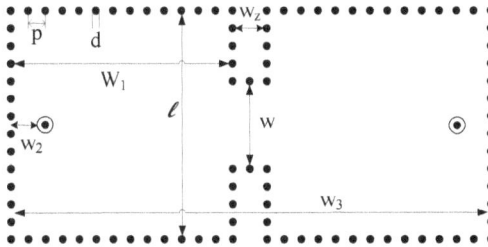

Figure 3-12 Cavités SIW couplées en bande C.

Le type d'excitation est modifié par rapport [113], [114] : la ligne microruban est remplacée par un accès câble coaxial, ce qui permet une fermeture totale de la cavité et en améliore ses performances en terme de coefficient de qualité (Disparition des pertes de radiation dues à l'insertion de la ligne microruban).

Les réponses simulées avec la WCIP et HFSS sont présentées sur les Figures 3-13 pour w=10mm. Les résultats sont en bon accord. Le temps de simulation avec la WCIP est de 5.1s par un point de fréquence contre 14.3s pour le logiciel FEM (HFSS : mesh : 23925 tetrahedra, Δs :0.01, N° de passes max :20).

.

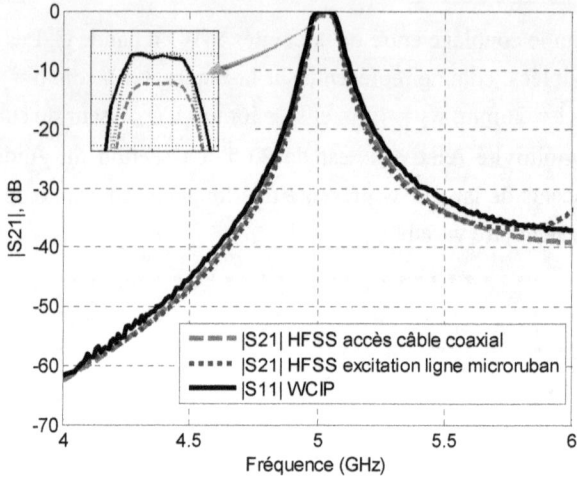

a)

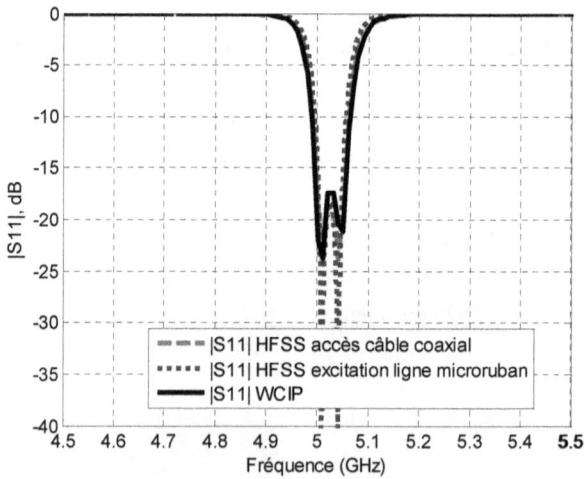

b)

Figures 3-13 Cavités SIW couplées pour w=10mm. Coefficients de
a) Transmission b) Réflexion.

3.3.1.b *Coefficient de couplage*

Nous allons étudier l'influence du changement de la largeur de l'iris w sur le
coefficient de couplage. Ce couplage est en effet contrôlé en changeant la

largeur de l'iris pour une longueur fixe de 4 mm. Le coefficient de couplage entre les cavités est donné par Eq 3-7 [100] , [99].

$$k = M_{(1,2)} \frac{(f_{02} - f_{01})}{\sqrt{f_{02} \cdot f_{01}}}$$

Eq 3-7

Avec M la matrice de couplage normalisée généralisée [100], [99], la valeur $M_{(1,2)}$ est de 0,9371, avec les indices (1,2) qui indiquent les numéros de cavité couplée. f_{01} et f_{02} sont les fréquences correspondant à des coefficients de transmission à -20dB.

Le coefficient de couplage est présenté sur la Figure 3-14 pour plusieurs largeurs de section w du guide d'ondes. Les résultats obtenus sont comparés avec ceux de HFSS.

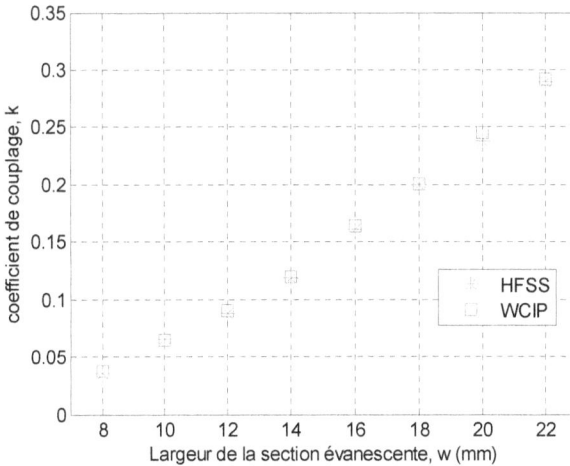

Figure 3-14 Coefficient de couplage k pour plusieurs valeurs de w.

L'erreur relative est reportée dans le Tableau 3.4, elle est inférieure à 4,4% quelle que soit la largeur w (en prenant comme référence WCIP).

Tableau 3.4 Erreur relative entre WCIP et HFSS pour l'étude des cavités couplées de la Figure 3-14.

w (mm)	8	10	12	14	16	18	20	22
Erreur relative (%) HFSS et WCIP	4.4	0.7	2.2	1.6	1.8	0.9	2.8	1

Nous avons étudié, dans cette partie, le couplage entre deux cavités SIW. La WCIP permet de retraduire de façon précise le coefficient de couplage entre deux cavités SIW. Un bon accord est obtenu avec les résultats issus de HFSS avec un temps de calcul toujours faible.

3.4 Filtre SIW passe-bande

3.4.1 Filtre passe-bande d'ordre 2

Nous allons étudier dans ce paragraphe un filtre SIW passe-bande d'ordre 2 excité par le mode TE_{10} [115]. Le filtre SIW passe-bande considéré est constitué de deux cavités couplées l'une à l'autre par un iris comme représenté sur la Figure 3-15 [115]. L'excitation [115] se fait au moyen d'une ligne microruban (Port1 et Port2 sur la Figure 3-15) qui génère le mode TE_{10}. Ce mode est recrée par 17 vias dont l'amplitude est une arche de sinusoïde décrivant le mode TE_{10} dans la WCIP. Comme la référence présente des dimensions non régulières, elles ont été reprises et périodisées de façon à ce que la structure soit simulable par la WCIP à performances similaires. En conséquence, un léger décalage de fréquence de 0,3 GHz est observé. Les dimensions de [115] et les nouvelles sont répertoriées dans le Tableau 3.5. Nous avons changé le substrat Rogers RO3003 (ε_r=3 et $\tan(\delta)$=0.0013) à la place du Rogers RO4003 (ε_r =3.55 et $\tan(\delta)$=0.0027).

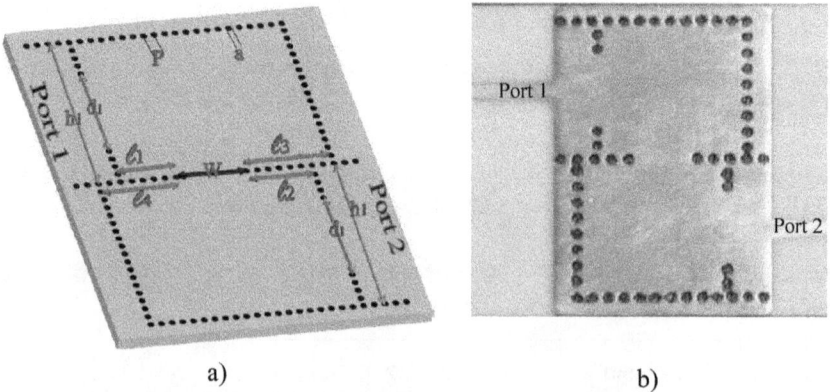

a)   b)

Figure 3-15 Configuration du filtre SIW passe-bande

Tableau 3.5 Les Dimensions du filtre passe-bande

Symbole	Valeur (mm)	Valeur (mm) Réf [115]
p	0.7	0.7
a	0.5	0.5
h_1	12.6	11
h_2	12.6	11
W	4.9	4.5
l_1	4.2	2.5
l_2	3.5	2.5
l_3	4.6	4.12
l_4	5.6	4.12
a_1	7	6.5
a_2	7	6.5
épaisseur	0.508	0.508

Les résultats sont présentés sur les Figures 3-16, les performances du filtre sont comparables à [115] avec un même niveau de pertes dans la bande et un espacement régulier des vias de la structure.

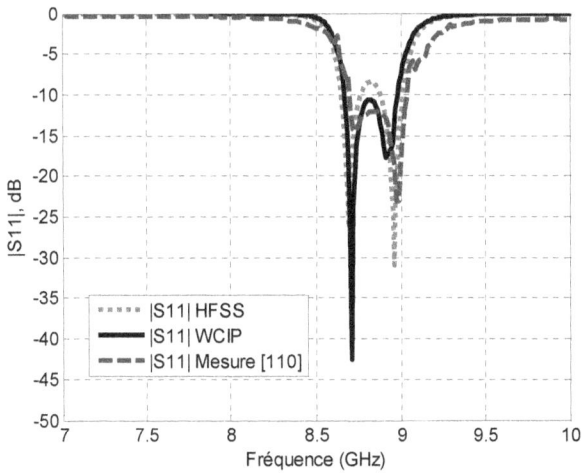

a)

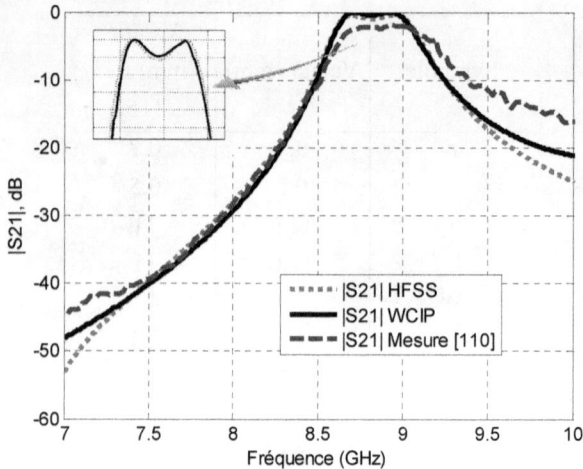

b)

Figures 3-16 Coefficient a) $|S_{11}|$ et b) $|S_{21}|$ en dB du filtre SIW de la Figure 3-15

Le temps de simulation avec la WCIP est de 3.4s contre 1min 10.8s pour la FEM par point de fréquence (HFSS : mesh : 33823 tetrahedra, Δs :0.01, N° de passes max :20).

.

3.4.1.a *Etude paramétrique*

La présence du mur périodique et du mur magnétique est nécessaire à la création de la base modale mais reste fictive. Elle ne doit pas influencer les résultats c'est ce que nous nous proposons de vérifier ici.

3.4.1.b *Sensibilité aux parois de type murs périodiques*

On s'intéresse à la sensibilité aux conditions aux limites des murs de type périodiques. Pour cela on ajoute des vias métalliques en haut et en bas (2 supplémentaires) comme représentés sur la Figure 3-17.

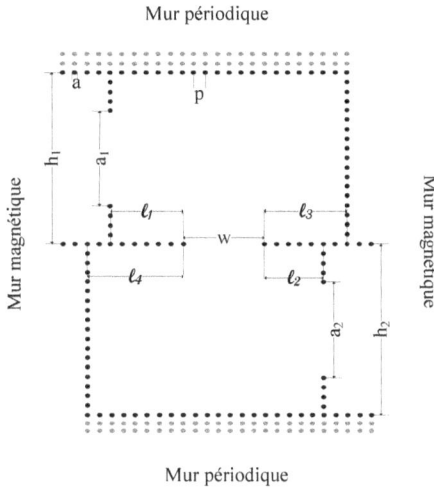

Figure 3-17 Filtre passe-bande avec déplacement des murs périodiques

Pas de changement des résultats entre les courbes sur la Figure 3-18 donc pas d'effet du déplacement des murs périodiques.

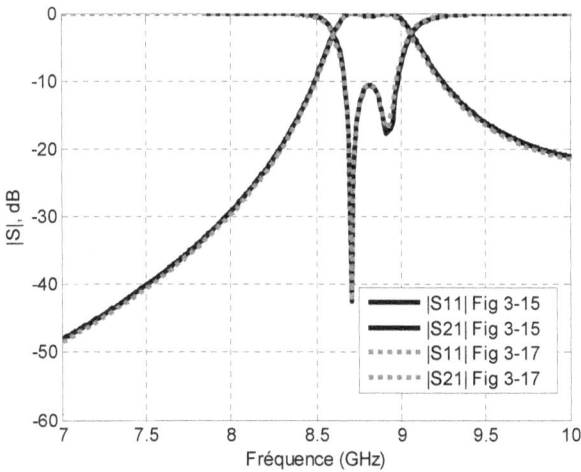

Figure 3-18 Comparaison des Paramètres (S) en déplaçant les murs périodiques

3.4.1.c *Sensibilité aux parois de type murs magnétiques*

On s'intéresse à la sensibilité aux conditions aux limites de type murs magnétiques. Pour cela on ajoute des vias métalliques à droite et à gauche (2 supplémentaires) comme représenté sur la Figure 3-19.

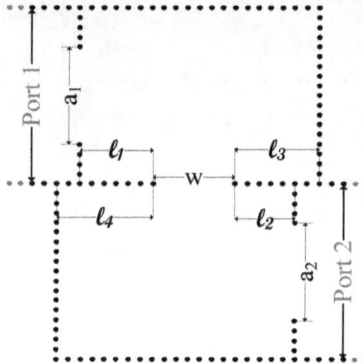

Figure 3-19 Filtre passe-bande avec déplacement des murs magnétiques.

A nouveau, on ne note pas de changement majeur des résultats entre les courbes sur la Figure 3-20, donc pas d'effet du déplacement des murs magnétiques dans la bande d'intérêt.

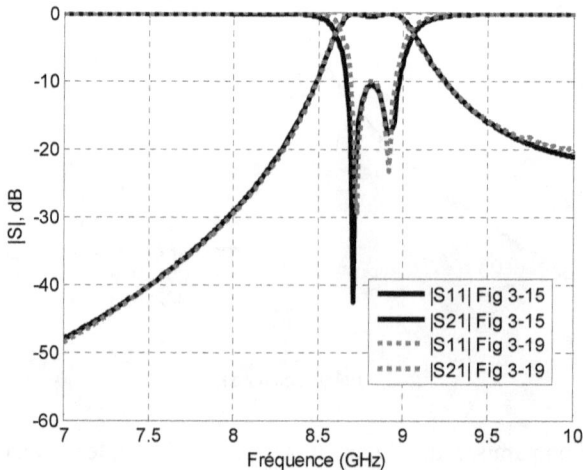

Figure 3-20 Comparaison des Paramètres (S) en déplaçant les murs magnétiques.

3.4.1.d *Sensibilité à l'excitation*

Si on excite le filtre avec le mode TEM au lieu du mode TE_{10} (donc même amplitude sur tous les vias source au lieu de l'arche de sinusoïde) on ne constate pas de modification de la réponse du filtre d'après la Figure 3-21.

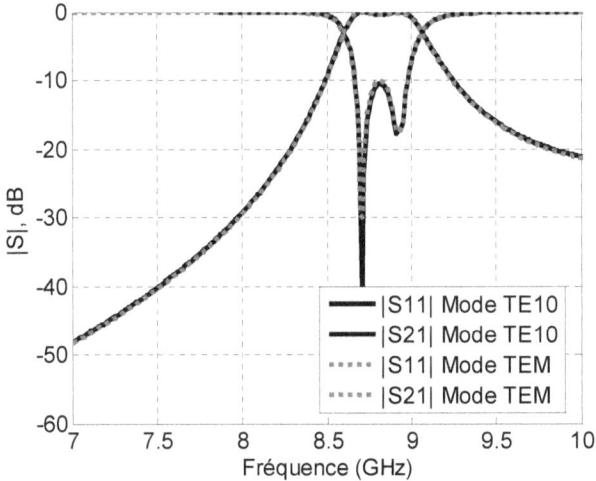

Figure 3-21 Comparaison des Paramètres (S) du circuit de la Figure 2-3 avec excitation mode TEM au lieu du mode TE_{10}.

3.4.1.e *Sensibilité à la forme du via*

Les tests précédemment effectués font appel à un via de forme carrée plutôt que cylindrique, on constate que cette forme du via intervient peu dans les résultats obtenus compte tenu notamment de leur petite dimension, comme observé sur la Figure 3-22.

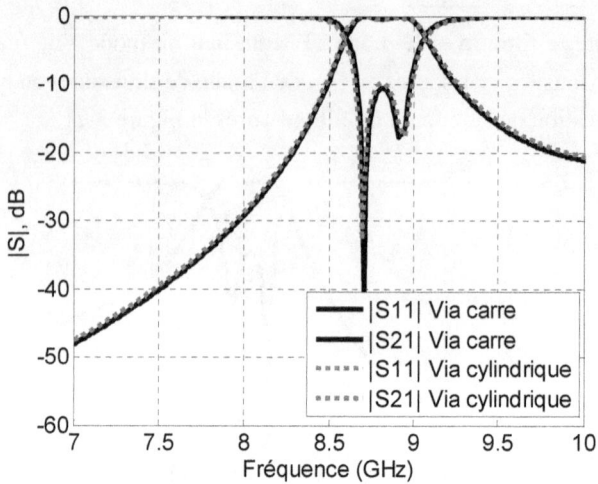

Figure 3-22 Sensibilité à la forme des vias

Dans ce paragraphe, un filtre passe-bande inspiré de [115] a été caractérisé avec la WCIP et les résultats obtenus ont été comparés avec ceux simulés avec HFSS. Un bon accord est observé avec des temps de calcul très faibles avec la WCIP. D'autre part, nous avons étudiés les sensibilités de la simulation du filtre en prenant en compte l'effet des murs périodiques, des murs magnétiques, un changement de l'excitation et un changement de la forme des vias, nous n'avons pas noté de changement majeur des résultats obtenus.

3.4.2 Conception d'un Filtre passe-bande SIW

3.4.2.a Conception du filtre

Le filtre proposé en technologie SIW est un filtre passe-bande fabriqué sur une couche Arlon AD255A (tm) avec un substrat de permittivité de 2.55, un facteur de pertes diélectriques 0.0015 et une épaisseur de 1.524 mm. Le passe-bande est d'ordre 2 avec une fréquence centrale de 3.8GHz, une bande passante relative de 19% et un taux d'ondulation de 0.05dB. Ce filtre comporte deux résonateurs et trois inverseurs.

3.4.2.b *Principe de conception*

Généralement, les parois parfaitement métalliques sont ensuite remplacées par des vias qui doivent assurer une condition aux limites équivalente, comme représenté sur les Figures 3-23. Le rayon des vias métalliques est de 0.625mm (tiges conductrices à disposition pour la réalisation). Les vias sont répartis périodiquement avec un pas de d, ce paramètre est ajustable et la sensibilité à ce paramètre sera étudiée par la suite. Dans un premier temps, afin d'assurer au mieux la condition de fermeture métallique, il est choisi égal à 2mm.

Les dimensions du filtre sont obtenues par [116]. Dans un guide de largeur D_y=40mm, et D_x=68mm, la longueur ℓ_1 des résonateurs est de 22mm et les largeurs des ouvertures externes d_1 et interne d_2 sont respectivement de 24mm et 20mm.

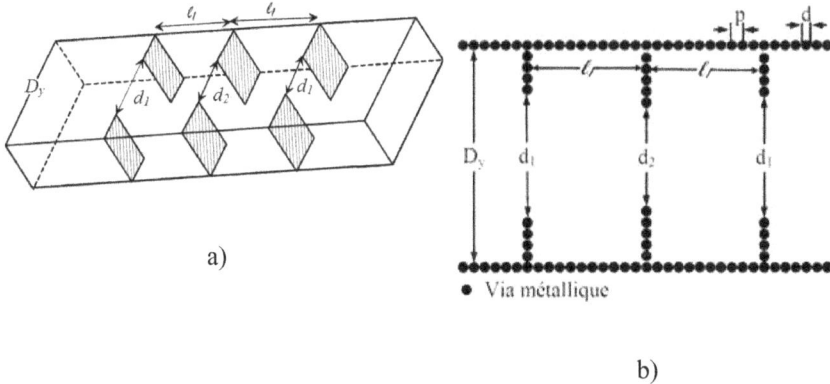

a)

b)

Figures 3-23 Guide : a) classique, b) SIW.

3.4.2.c *Excitation*

L'excitation se fait grâce à un câble coaxial dont l'âme centrale est prolongée par une tige conductrice plongeant dans le guide à une position où le champ électrique est maximum. L'adaptation est ensuite assurée en positionnant un court-circuit (fermeture du guide) à une distance de $\lambda/4$ de cette excitation. Pour le filtre SIW, le module du champ électrique est représenté sur la Figure 3-24 à la fréquence centrale 3.8GHz.

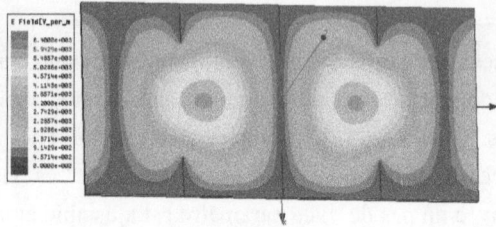

Figure 3-24 Module du champ électrique à la fréquence centrale 3.8GHz.

Les vias d'excitation sont positionnés au niveau d'un maximum de champ et les court-circuits sont assurés par les parois n°1 et n°2 au niveau d'un minimum de champ comme représenté sur la Figure 3-25, avec w_1=34mm, w_2=12mm, w_3=20mm, h_1=8mm, h_3=10mm et h_5=20mm.

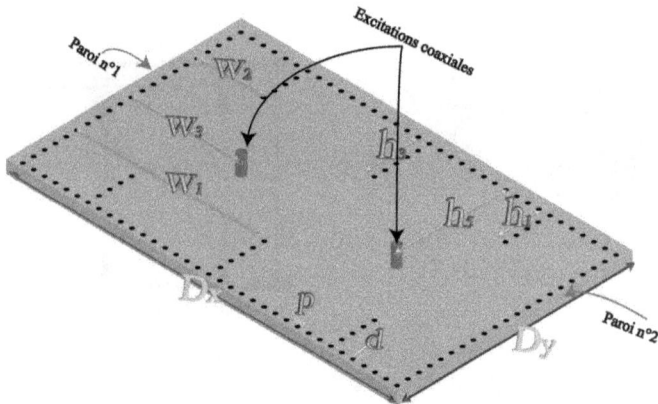

Figure 3-25 Représentation du filtre avec excitations coaxiales

3.4.2.d *Etude de sensibilité*

Dans une première analyse, un maximum de vias avait été ajouté pour retraduire les parois métalliques initiales. Cette étude vise à réduire le nombre de vias en conservant les performances du filtre.

3.4.2.e *Période entre les vias*

Le nombre de vias est réduit en mettant 1 via tous les 6mm (soit λ/8.2 à 3.8 GHz et λ/6.3 à 5GHz), les 4mm (soit λ/12.4 à 3.8 GHz et λ/9.4 à 5GHz) au lieu de 1 via tous les 2mm (soit λ/24.7 à 3.8 GHz et λ/18.8 à 5GHz). Ce pas est modifié dans un premier temps pour les parois latérales du filtre mais pas pour les iris, comme représenté sur les Figures 3-26.

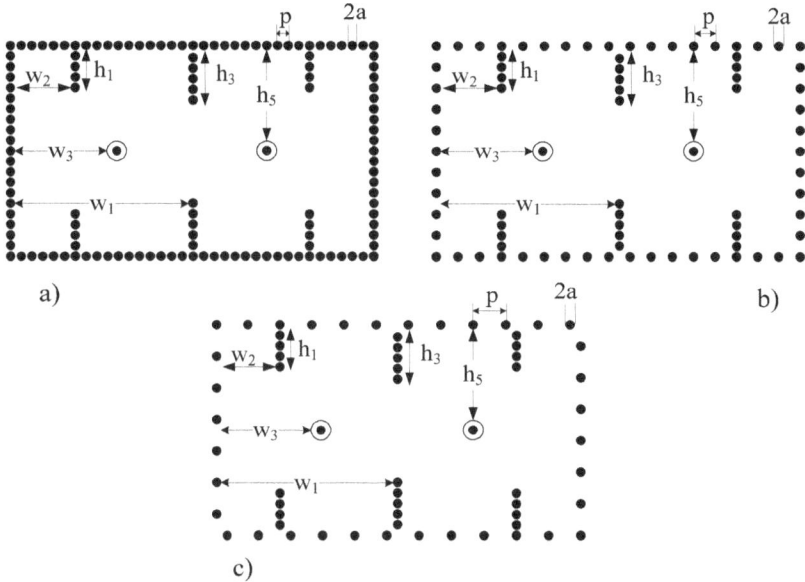

Figures 3-26 Schéma des filtres SIW avec a) p=2mm, b) p=4mm, c) p=6mm

Les performances du filtre pour ces différents pas sont observées sur les Figures 3-27. Si le pas est inférieur ou égal à 4mm, les performances restent correctes.

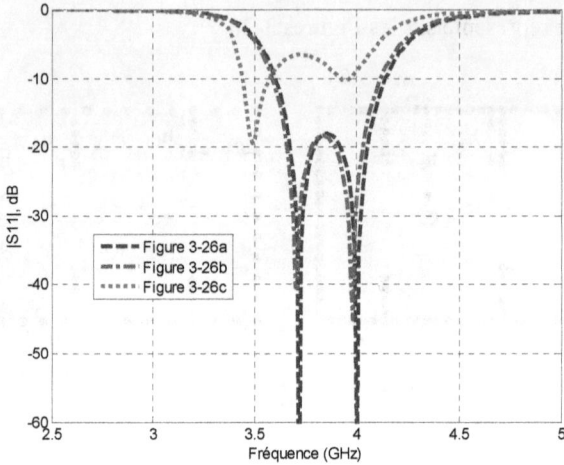

a)

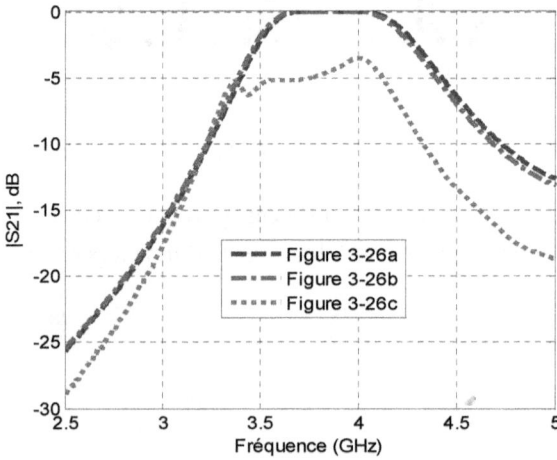

b)

Figures 3-27 Sensibilité à la période entre les vias a) |S11| (dB), b) |S21| (dB)

La tolérance vis-à-vis de la position des vias dans la cellule ne peut pas être prise en compte dans l'étude de sensibilité car la méthode suppose que les vias sont centrés dans les cellules élémentaires. Si on introduit un décalage de via dans la cellule élémentaire alors il sera répercuté sur tous les vias ce qui revient à translater la structure et n'a donc pas d'intérêt. La WCIP permet un prédimensionnement de la structure (simplicité et temps de calcul rapide), des études de tolérance pouvant être menées par une méthode éléments finis plus performante mais plus lente pour ces effets de déplacement des vias (tolérance à la position préconisée).

3.4.2.f *Vias composant l'inverseur*

Dans cette étude le pas p, correspondant à l'espacement entre les vias des parois latérales est fixé à 4mm. L'inverseur est conditionné par sa largeur donc par la position du via délimitant cette dimension. On supprime donc tous les vias composant ces iris sauf le dernier. Comme représenté sur les Figures 3-28.

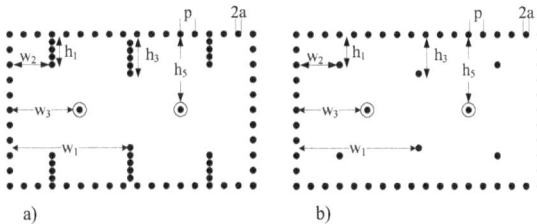

Figures 3-28 Schéma des filtres SIW: a) tous les vias, b) un via pour réaliser l'inverseur.

Les résultats présentés sur la Figures 3-29 montrent qu'un seul via suffit à réaliser l'inverseur, on note une amélioration du niveau d'adaption et un élargissement léger de la bande.

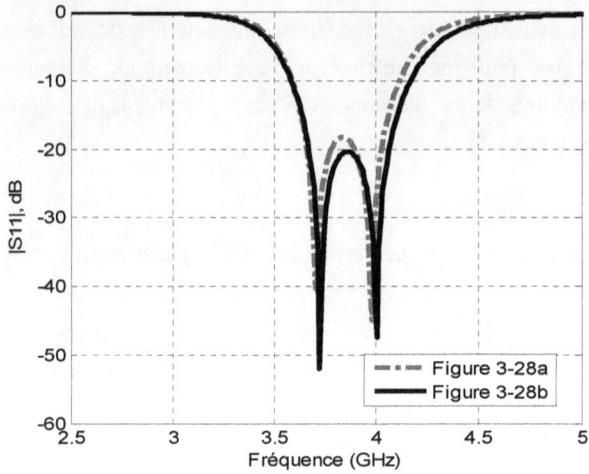

a)

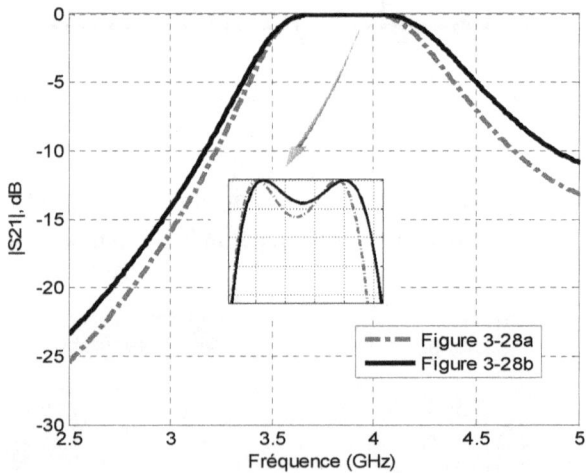

b)

Figures 3-29 Sensibilité au nombre de vias pour réaliser des inverseurs a) |S11| en dB, b) |S21| en dB.

3.4.2.g *Rayon des vias*

Lorsque le rayon des vias est modifié, les performances du filtre sont altérées (décalage de la fréquence centrale et de l'adaptation), comme observé sur les

Figures 3-30. Les simulations sont obtenues avec le circuit de la Figures 3-28b avec p=4mm et une variation de rayon de 0.5mm à 0.75mm.

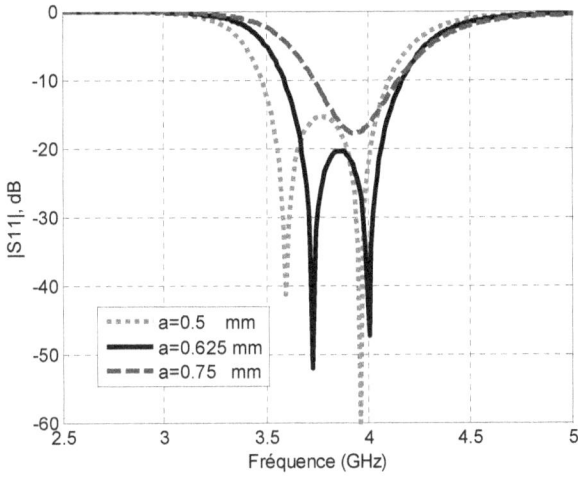

a)

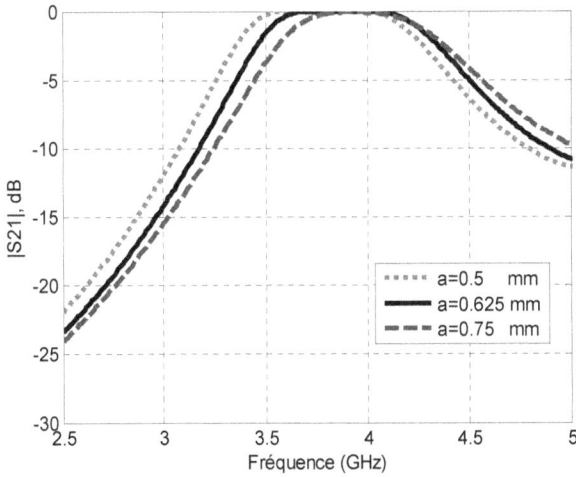

b)

Figures 3-30 Sensibilité au rayon des vias, a) |S11| en dB, b) |S21| en dB.

3.4.2.h *Sensibilité à la forme du via*

Les tests précédemment effectués font appel à un via de forme carrée plutôt que cylindrique, on constate que cette forme du via intervient peu dans les résultats obtenus compte tenu notamment de leur petite dimension, comme observé sur les Figures 3-31, toujours pour a=0.625mm.

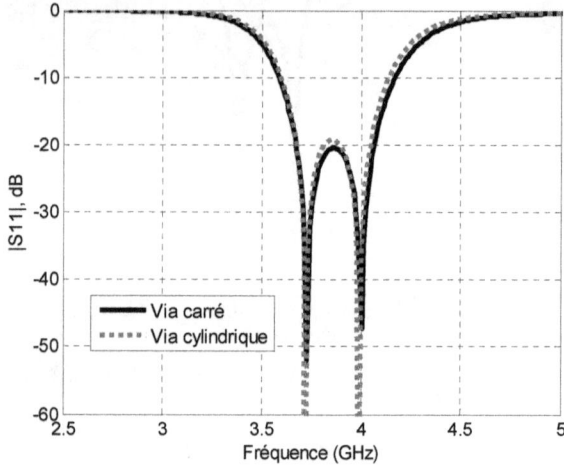

a)

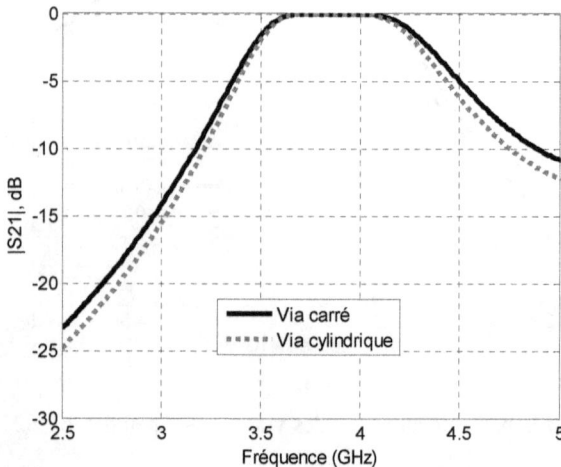

b)

Figures 3-31 Sensibilité à la forme des vias a) |S11| en dB, b) |S21| en dB.

3.4.2.i *Discussions et résultats*

Les résultats obtenus par la WCIP sont en bonne adéquation avec ceux de la FEM (obtenus avec HFSS), de la Méthode des Moments (MoM) et de la mesure, ils sont représentés sur les Figures 3-32

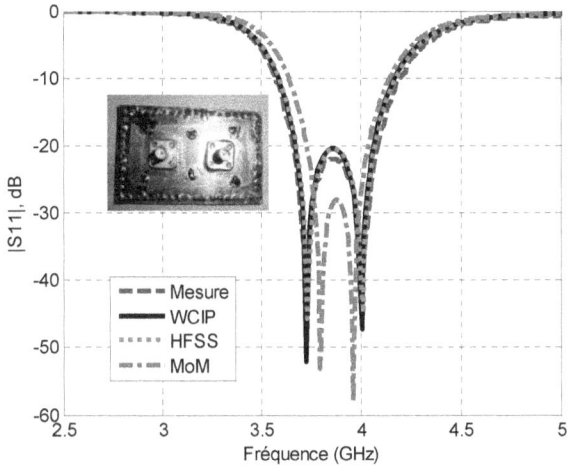

a)

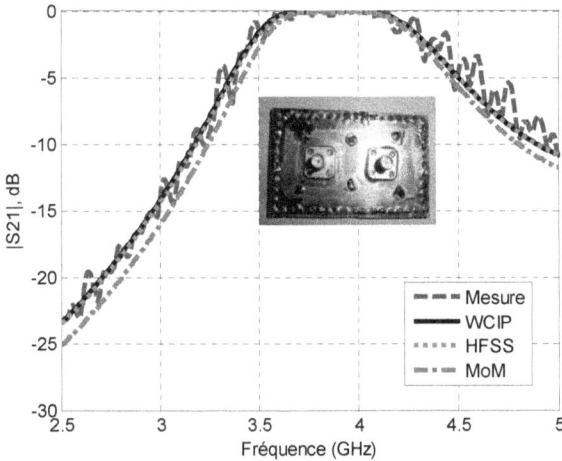

b)

Figures 3-32 Comparaison entre mesure et simulations électromagnétiques du filtre de la Figures 3-28b, a) |S11| en dB, b) |S21| en dB.

. Ces tests ont été effectués sur le circuit de la Figures 3-28b. Les études de sensibilité faites avec la WCIP ont permis de réduire le nombre de vias de 116 à 76 sans modification majeur des performances du filtre [38].

La méthode des éléments finis prend en compte les variations possibles en z et en θ des champs électromagnétiques contrairement aux deux autres méthodes (MoM et WCIP), elle sera donc plus précise mais avec un temps de calcul plus important.

La Méthode des Moments (MoM) comme la WCIP suppose une invariance en z et en θ. La MoM évalue les couplages entre vias deux à deux par un calcul des Z_{ij} sans prendre en compte la présence des autres vias pendant ce calcul. La WCIP fait appel à une décomposition en modes dont le nombre est choisi pour l'instant identique au nombre de cellules élémentaires composant le circuit. Cette troncature arbitraire doit faire l'objet d'une étude plus approfondie qui peut impacter sur les niveaux des paramètres S notamment à la résonance, Dans les cas étudiés jusqu'à présent, ce nombre semble suffisant compte tenu de la précision des résultats. De plus, une augmentation du nombre de modes pourrait également engendrer une convergence plus rapide [94], [95], [96] même si le temps d'une itération augmente. Le temps de simulation avec la WCIP est de 1.86s contre 37s pour la FEM par point de fréquence. (CPU: Intel Core 2 Due E6550@2.33GHz, RAM: 4Go) et (HFSS : mesh : 14317 tetrahedra, Δs :0.01, N° de passes max :20).

Dans cette partie, un filtre passe-bande SIW a été développé, simulé et mesuré. Des analyses de sensibilité visant à réduire le nombre de vias ont été menées grâce à la WCIP. Elles ont conduit à une réduction du nombre de vias à performances identiques du filtre, ce qui permet de diminuer le coût et faciliter sa fabrication.

3.4.3 Filtre SIW reconfigurable

Les filtres reconfigurables sont un sujet de recherche autour duquel un certain nombre de travaux ont été menés jusqu'à aujourd'hui [117]-[118]. Ces travaux visent à obtenir des filtres capables de changer de bande passante ou de fréquence centrale.

Dans notre étude, les performances du filtre sont modifiées en changeant l'emplacement des vias des inverseurs et par conséquent permettent de modifier la fréquence centrale du filtre. Les commutations sont idéales (court-circuit et circuit ouvert parfaits).

3.4.3.a *Conception du filtre SIW reconfigurable*

Dans les études précédentes, les inverseurs conditionnés par la largeur des ouvertures, donc par la position des vias dans la cavité permettent de définir la bande passante du filtre. La modification de ces ouvertures avec des dispositifs actifs réglables permet de créer des filtres reconfigurables. On augmente le nombre de vias de façon à pouvoir modifier les largeurs des ouvertures externes et internes, seulement 3 sur les 4 configurations de filtre sont intéressantes. Les résultats sont présentés pour des commutateurs parfaits. Les dimensions sont inchangées par rapport à la Figures 3-28b, avec h_1=8mm, h_2=12mm, h_3=8mm, h_4=10mm [119].

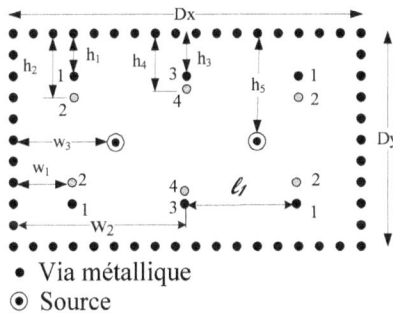

• Via métallique
⊙ Source

Figure 3-33 Filtre SIW reconfigurable.

Dans la configuration n°1, les vias n ° 1 et 3 sont activés, dans la configuration n°2, les vias n ° 1 et 4 sont activés, dans la configuration n°3, les vias n ° 2 et 4 sont activés, la dernière combinaison n'est pas intéressante.

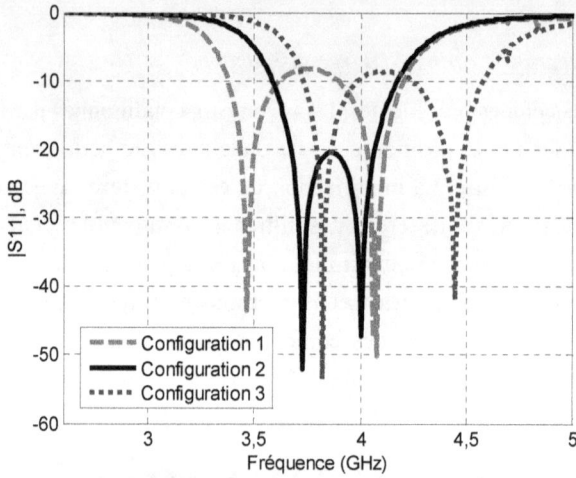

a)

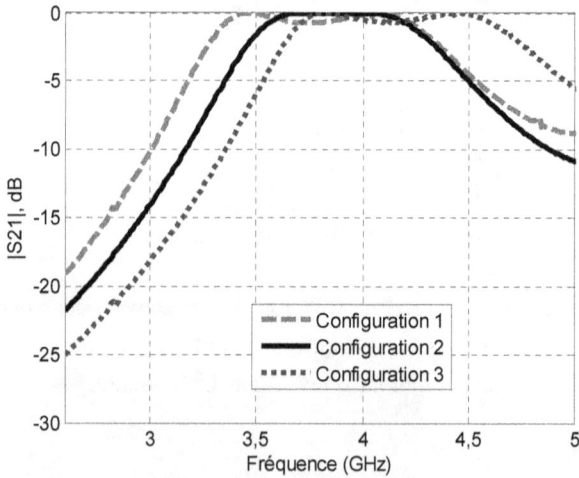

b)

Figures 3-34 Réponse du filtre reconfigurable a) coefficient de réflexion,
b) coefficient de transmission.

Les résultats obtenus dans les différentes configurations sont présentés sur les
Figures 3-34. On note un changement de la fréquence centrale du filtre d'ordre 2

avec une l'ondulation de 0.7 dB et une variation de la bande passante relative, comme indiqué dans le Tableau 3.6.

Tableau 3.6 Performance en fonction de la configuration

Configuration	f_0	Δf_0	Ondulation, dB
Configuration 1	3.79 GHz	22.8%	0.71
Configuration 2	3.88 GHz	16.1%	0.04
Configuration 3	4.15 GHz	21.45%	0.65

3.4.3.b *Résultats*

Les résultats obtenus avec la WCIP sont en très bon accord avec ceux obtenus avec HFSS et les mesures (Figures 3-35, Figures 3-36, Figures 3-37). Le temps de simulation pour les configurations 1, 2 et 3 sont respectivement de 3.07s, 1.86s, 2.03s avec la WCIP contre 40s, 37s, 38.4s pour HFSS par point de fréquence avec (CPU : Intel Core 2 E6550@2.33GHz raison, RAM : 4Go) et (HFSS : mesh : 17789 tetrahedra, Δs :0.01, N° de passes max :20).

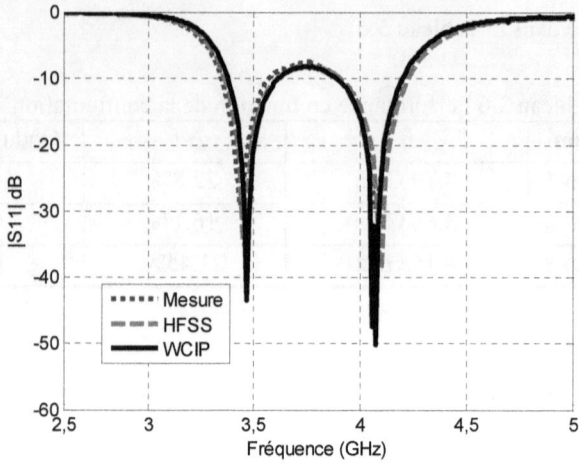

a)

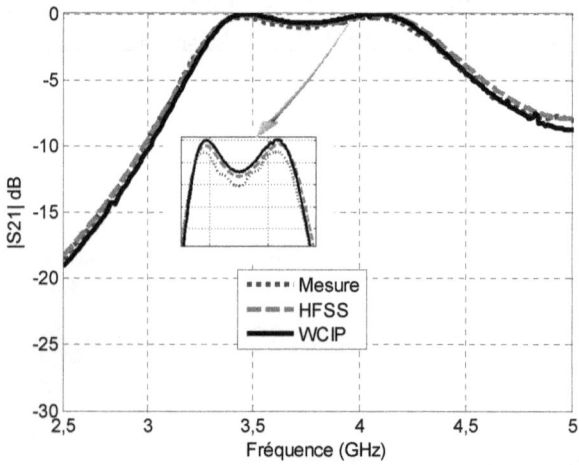

b)

Figures 3-35 Réponse du filtre SIW dans la configuration n°1, a) coefficient de réflexion, b) coefficient de transmission.

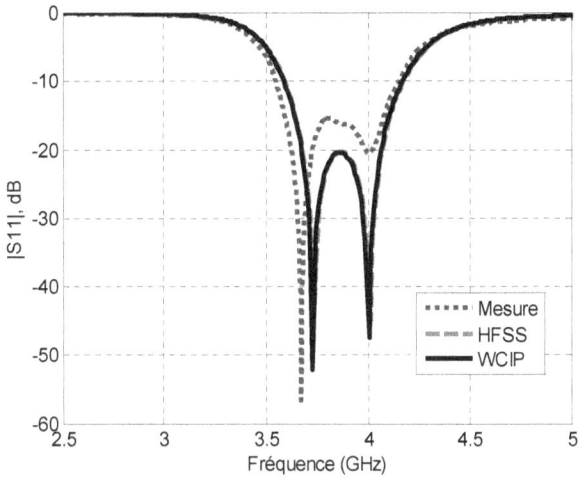

a)

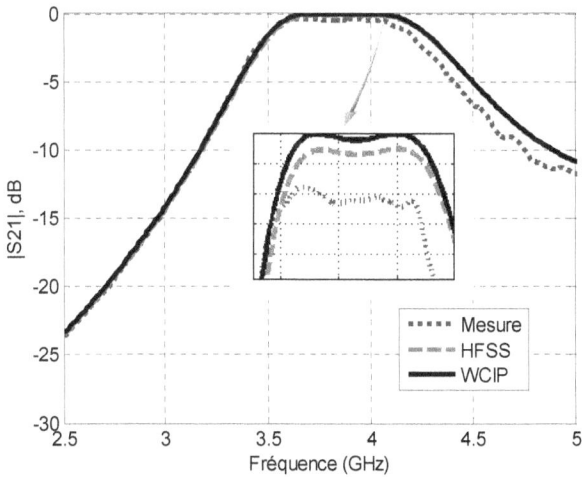

b)

Figures 3-36 Réponse du filtre SIW dans la configuration n°2, a) coefficient de réflexion, b) coefficient de transmission.

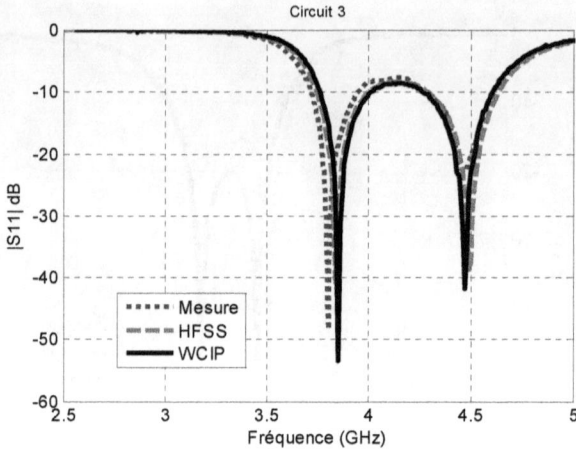

a)

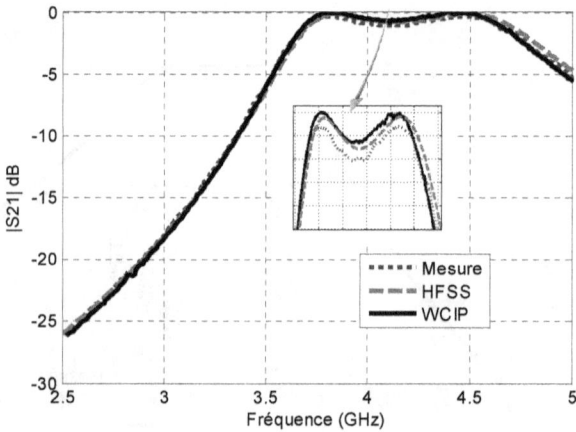

b)

Figures 3-37 Réponse du filtre SIW dans la configuration n°3, a) coefficient de réflexion, b) coefficient de transmission.

Remarque : Des efforts supplémentaires auraient pu être faits pour améliorer l'adaptation dans la bande des filtres en ce qui concerne les configurations n°1 et n°3, ce qui reviendrait à revoir la position des vias 1, 2, 3 et 4.

La méthode WCIP semble être une méthode efficace pour l'étude de circuits SIW à vias métalliques. L'efficacité de la méthode a été prouvée par la précision des résultats par comparaison avec ceux obtenus avec HFSS et des mesures. Le temps de calcul reste faible comparé au logiciel FEM (HFSS). De plus cette méthode vise à simuler un grand nombre de via et peut donc être utilisée pour qualifier une chaîne de circuits SIW complète. Ses performances en temps de calcul, comparées à HFSS, sont évidentes quand le nombre de via devient important.

3.5 Conclusion

Dans ce chapitre, La WCIP a été modifiée afin de caractériser des SIW périodiques présentant des vias métalliques. La WCIP a été étendue aux circuits SIW à travers une formulation volumique des ondes et donc des opérateurs associés. Cette formulation permet une caractérisation précise et rapide des circuits SIW. Grâce à la WCIP plusieurs structures SIW (guide, cavité, filtre, ...) ont été qualifiées avec succès : précision et faible temps de calcul.

Dans une première étape, les simulations par la WCIP de guides de mode fondamental TE_{10} et TEM ont conduit à des résultats concordants avec la théorie et la FEM avec des temps de calcul très faibles. Ensuite, des cavités ont été étudiées. Enfin, des filtres passe-bande SIW ont été développés, simulés et mesurés. Des analyses de sensibilité visant à réduire le nombre de vias ont été menées grâce à la WCIP. Elles ont conduit à une réduction du nombre de vias à performances identiques du filtre ce qui permet de diminuer le coût d'usinage et de faciliter sa fabrication. Un filtre reconfigurable en fréquence a été étudié, les commutateurs restent cependant idéaux.

CHAPITRE.4

**APPLICATION DE LA METHODE ITERATIVE
A DES STRUCTURES MICRO-ONDES SINRD**

Application aux structures micro-ondes SINRD

4.1 Introduction

Le développement des dispositifs millimétriques et submillimétriques a révolutionné les systèmes de télécommunication, mais leur développement est contenu en terme d'efforts et de temps. Les structures micro-ondes nécessitent une facilité d'intégration, de faibles pertes et de hautes performances. Les guides d'ondes diélectriques ont reçu peu d'attention par le passé à cause de deux problèmes fondamentaux : les pertes par rayonnement dues aux discontinuités et une difficulté à transcrire ces circuits en technologie planaire. Le guide d'onde diélectrique non rayonnant (NRD) est tout d'abord proposé par Yoneyama et Nishida [52] en 1981. Il est composé d'un ruban de substrat diélectrique inséré entre deux plaques métalliques en sandwich comme représenté sur la Figure 4.1. Ce guide d'ondes NRD offre des possibilités intéressantes aux fréquences micro-ondes : Elle peut également être utilisée dans la conception de nombreuses fonctions de l'électronique (filtre, amplificateur,...) [62]. Ce guide NRD est aussi facilement intégrable dans les circuits planaires [63], les antennes [64]. Les principaux avantages de ces guides NRD sont [120]: un faible coût de fabrication, des tolérances de fabrication relativement faibles, de faibles pertes, un poids léger, et sa facilité d'intégration avec d'autres systèmes utilisant des guides d'ondes métalliques ou des circuits planaires.

Les premiers circuits SINRD sont apparus en 2001 [121]. Les nouvelles techniques de fabrication SICs (Substrate Integrated Circuits) ont été proposées pour la réalisation de guide NRD. Cette nouvelle technique permet de réaliser des guides intégrés aux substrats appelés (SINRD) [122], [123]. L'avantage du guide SINRD est sa possibilité d'intégration sur le même substrat diélectrique que la technologie SIW [121]. La Figure 4.1 montre l'évolution du guide standard NRD au guide SINRD. Le guide SINRD emploie un réseau de trous, qui réduit la constante diélectrique du substrat dans les régions d'intérêt, créant ainsi un canal permettant de guider les ondes électromagnétiques dans le diélectrique à plus forte permittivité.

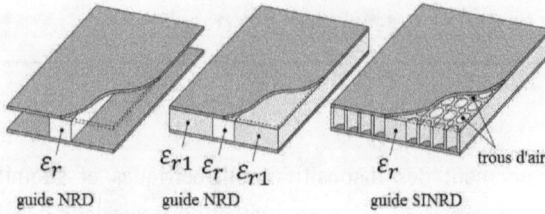

Figure 4.1 Topologies du guide NRD au guide SINRD [124]

Dans ce chapitre, nous allons d'abord décrire les modifications dans le domaine spatial de l'opérateur $\hat{S}$ de la méthode WCIP pour caractériser ces circuits SINRD. Ensuite, les simulations utilisant la méthode des éléments finis (FEM) avec le solveur Ansoft HFSS, des mesures et les simulations obtenues avec la WCIP seront comparées sur quelques exemples.

4.2 Modification de l'opérateur spatial $\hat{S}$ pour prendre en compte un changement de permittivité diélectrique dans le via

Dans le domaine spatial, les ondes sont totalement réfléchies sur la cellule présentant un via métallique cf. partie 2.3, alors que les ondes sont totalement transmises dans la cellule sans via (pas de changement de permittivité diélectrique par rapport au milieu environnant).

Soit :

$$S_{(i,j)} = \begin{cases} -1 \text{ sur la cellule via métallique} \\ +1 \text{ sur la cellule via sans changement de permittivité diélectrique} \end{cases}$$

Sur le via, ces conditions sont déduites de la continuité des champs électromagnétiques entre les domaines Ω et $\delta\Omega$ représentés sur la Figure 4.2:

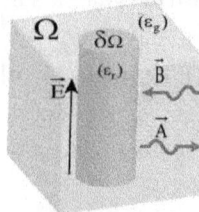

Figure 4.2 Représentation d'une cellule élémentaire avec changement de diélectrique ($\varepsilon_r/ \varepsilon_g$).

On se propose ici de déterminer le coefficient S(i,j) sur ce type de via. Les équations de Maxwell définies dans le domaine Ω sont:

$$\nabla \times \vec{E} = -j\omega\mu_0\vec{H}$$
$$\nabla \times \vec{H} = j\omega\varepsilon_0\varepsilon_g\vec{E}$$

Eq 4-1

avec $\vec{E} = E_z\vec{z}$, $\vec{H} = H_\theta\vec{U_\theta}$

Sur le via défini dans le domaine $\delta\Omega$, on peut écrire

$$\nabla \times \vec{H} = j\omega\varepsilon_0\varepsilon_r\vec{E} + \vec{J}$$

où $\vec{J} = J_z\vec{z}$, avec $\vec{J}$ introduit pour compenser le changement de permittivité diélectrique du via. On a donc:

$$\vec{J} = j\omega\varepsilon_0(\varepsilon_g - \varepsilon_r)\vec{E} = \frac{1}{Z_d}\vec{E}$$

On déduit le coefficient de réflexion sur le via pour le changement diélectrique :

$$S_{(i,j)} = \frac{Z_d - Z_0}{Z_d + Z_0}$$

Avec : $Z_0 = \frac{1}{\omega\varepsilon_0\varepsilon_g}$, $Z_d = \frac{1}{j\omega\varepsilon_0(\varepsilon_g - \varepsilon_r)}$

Donc : $$S(i,j) = \frac{1 - \frac{1}{\omega\varepsilon_0\varepsilon_g}\left(j\omega\varepsilon_0(\varepsilon_g - \varepsilon_r)\right)}{1 + \frac{1}{\omega\varepsilon_0\varepsilon_g}\left(j\omega\varepsilon_0(\varepsilon_g - \varepsilon_r)\right)} = \frac{\varepsilon_g - j(\varepsilon_g - \varepsilon_r)}{\varepsilon_g + j(\varepsilon_g - \varepsilon_r)}$$

Eq 4-2

On vérifie bien si $\varepsilon_g = \varepsilon_r$ que $S(i,j) = 1$.

L'opérateur de réflexion $\hat{\Gamma}$ reste inchangé par rapport au paragraphe 0.

4.3 Quelques exemples

On cherche à développer et caractériser les différents éléments constituant un filtre SINRD dans la bande (2-5) GHz, de fréquence centrale 3.8 GHz. La structure de base de ce filtre est un guide d'onde dont les parois latérales métalliques ont été remplacées par des vias métalliques, comme présenté au chapitre 3. Dans les différents exemples proposés, le substrat utilisé est l'Arlon AD255A (tm) avec une permittivité diélectrique relative de 2.55 et les vias sont en fait des trous remplis d'air de rayon 0.625mm.

4.3.1 Guide SINRD

4.3.1.a *Qualification de la permittivité diélectrique relative effective.*

Dans une première étape, on cherche à évaluer la permittivité relative effective ε_{eff} du guide SINRD représenté sur la Figures 4.3a. L'insertion des trous d'air dans le substrat diélectrique réduit le constant diélectrique effectif du guide.

Dans HFSS, la simulation avec de nombreux trous n'est pas possible (espace mémoire), on cherche donc ce ε_{eff} et on remplace le substrat SINRD par ce substrat de permittivité relative ε_{eff} dans la simulation HFSS comme présenté sur les Figures 4.3.

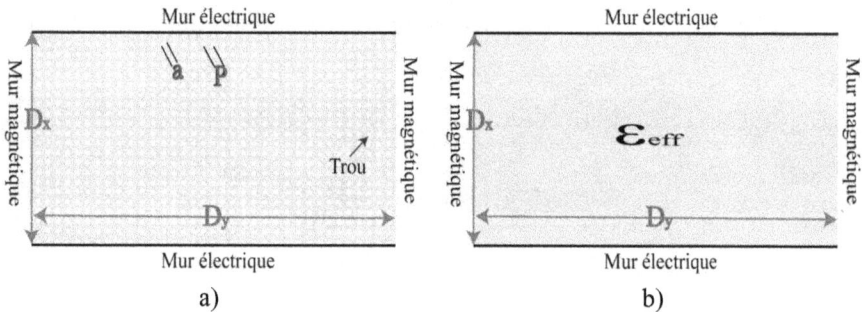

Figures 4.3 a) Guide SINRD b) Guide équivalent.

Pour se faire, on peut qualifier le ε_{eff} en prenant le guide de la Figures 4.3b. Le mode de propagation du mode fondamental assumé est le mode TE_{10} de fréquence de coupure $f_c^{TE_{10}}$ donnée par [125]:

$$f_c^{TE_{10}} = \frac{c}{2D_x\sqrt{\varepsilon_{eff}}}$$ Eq 4-3

Par exemple, avec D_x la largeur de guide qui est ici de 22mm, par observation de la séparation de phase du S21 pour différentes distances D_y entre les sources. La fréquence de coupure $f_c^{TE_{10}}$ est 4.8 GHz (Figure 4.4). Elle est obtenue directement grâce à la WCIP appliquée à la structure de la Figures 4.3a. On déduit dans ce cas une permittivité ε_{eff} de 2.0177.

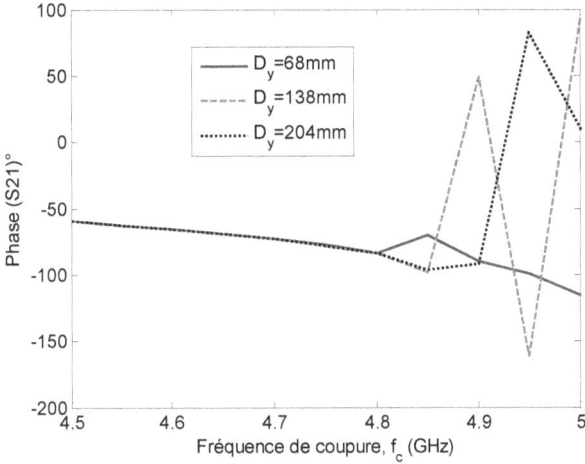

Figure 4.4 TE$_{10}$ dispersion diagramme du guide SINRD

4.3.1.b *Qualification du guide SINRD*

Dans un second temps, on cherche à caractériser les propriétés du guide SINRD représenté sur la Figure 4.5a. On change la largeur de la bande diélectrique ℓ en conservant la longueur totale du guide Dx=40mm, on modifie ainsi la fréquence de coupure f_c du guide SINRD. Pour le caractériser avec HFSS on utilise son guide équivalent représenté sur la Figure 4.5b avec ε_{eff} déterminé dans le paragraphe précédent.

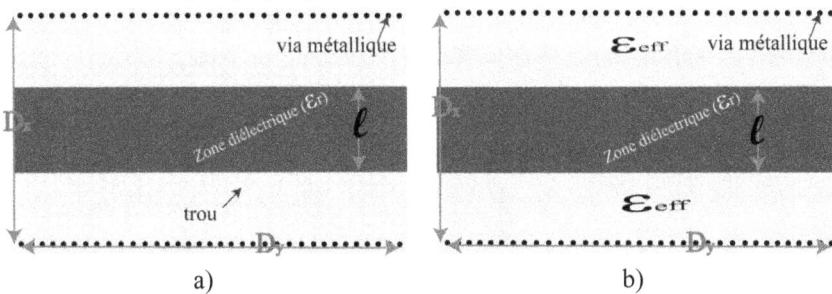

a)   b)

Figure 4.5 a) Guide SINRD b) Guide équivalent.

La Figure 4.6 montre les résultats de simulation obtenus avec HFSS et la WCIP lorsqu'on change cette proportion air/diélectrique.

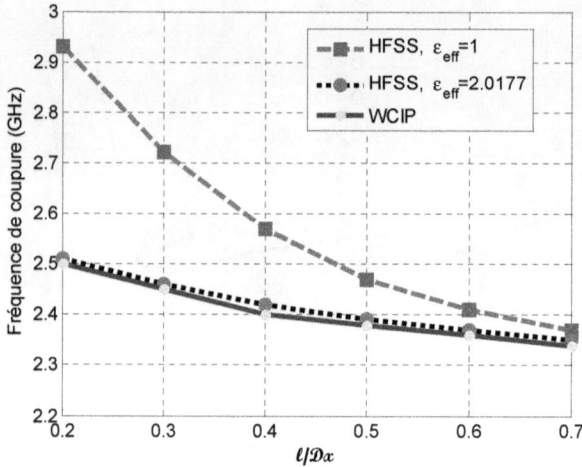

Figure 4.6 Fréquence de coupure du guide SINRD en fonction de ℓ /D_x

On constate que la fréquence de coupure obtenue en faisant le calcul complet (WCIP) correspond bien à celui simplifié en utilisant la condition d'homogénéisation (ε_{eff}=2.0177) quelle que soit ℓ /D_x. L'erreur maximale entre les valeurs obtenues par la WCIP et HFSS est de 0.45%.

La longueur d'onde guidée λg est un paramètre important dans le dimensionnement des circuits. Pour la déterminer numériquement, la phase du coefficient de transmission $\angle S21$ est évaluée puis, connaissant D_y (la distance entre les deux sources), on déduit λ_g avec Eq 4-4, pour différentes fréquences de fonctionnement au dessus de la fréquence de coupure du guide.

$$\angle S21 = -\beta D_y = \frac{-2\pi D_y}{\lambda_g} \qquad \text{Eq 4-4}$$

$$\lambda_g = \frac{-2\pi D_y}{\angle S21} = \frac{-360 * D_y}{\angle S21°} \qquad \text{Eq 4-5}$$

La Figure 4.7 présente les valeurs de $\angle S21°$ obtenues avec la WCIP et avec HFSS, pour différentes valeurs de ℓ/D_x à 3.8 GHz.

Plus ℓ/D_x est grand, moins grande est la proportion de trous dans le guide, plus on s'éloigne donc de la condition d'homogénéisation, plus ou note un écart important entre la phase $\angle S21°$ obtenue avec la WCIP et celle obtenue avec HFSS.

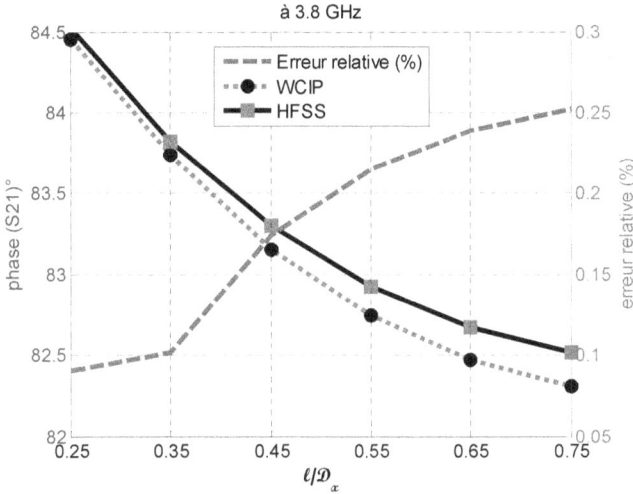

Figure 4.7 Déphasages obtenus avec la WCIP et HFSS pour différents ℓ/D_x

Les phases pour différentes valeurs de ℓ/D_x sont reportées dans le Tableau 4-1.

Tableau 4-1 Comparaison $\angle S21°$

ℓ/Dx	$\angle S21°$		Erreur relative
	HFSS	WCIP	%
0.25	84.52	84.44	0.09
0.35	83.82	83.73	0.1
0.45	83.3	83.15	0.17
0.55	82.92	82.74	0.21
0.65	82.67	82.47	0.23
0.75	82.51	82.3	0.25

Sur la Figure 4.8 , on constate une bonne adéquation entre les résultats obtenus par la WCIP et ceux issus de HFSS, quand la condition d'homogénéisation est vérifiée (on ne peut pas faire le calcul complet (avec les trous) avec HFSS).

La longueur d'onde guidée déduite de Eq 4-5 est évaluée par HFSS et avec la WCIP, elle est également comparée à la simulation directe de λ_g dans HFSS.

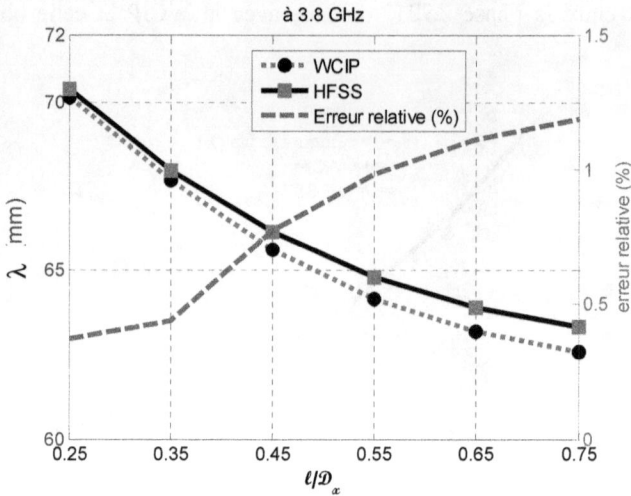

Figure 4.8 Longueur d'onde guidée λ_g en fonction de ℓ/D_x.

Dans le Tableau 4-2, les valeurs de λ_g obtenues directement avec HFSS en utilisant la fonction « Solution Data » par une résolution 2D dans le port, sont comparées à celles déduites de Eq 4-5 à partir des simulations de $\angle S21°$ avec HFSS et avec la WCIP.

Tableau 4-2 λ_g pour le guide SINRD

ℓ/Dx	λ_g(mm)		Erreur relative %
	HFSS	WCIP	
0.25	70.38	70.12	0.37
0.35	67.96	67.66	0.43
0.45	66.12	65.61	0.78
0.55	64.8	64.16	0.99
0.65	63.88	63.18	1.12
0.75	63.31	62.56	1.19

Dans ce tableau, plusieurs longueurs d'ondes guidées λ_g obtenues avec la WCIP sont présentées. On constate une bonne adéquation entre la WCIP et HFSS avec une erreur relative inferieure à 1.2%.

4.3.1.c *Calcul du champ électrique*

Le guide est maintenant fermé sur une rangée de vias métalliques, qui représente un court-circuit à une distance D_y de la source. La source est assurée par un câble coaxial centré de rayon 0.0625mm et l'espace entre vias métalliques est de 0.4mm, à la fréquence 3.8 GHz. Sur les Figure 4.9, le champ électrique normalisé est représenté le long du guide SINRD avec la WCIP et HFSS.

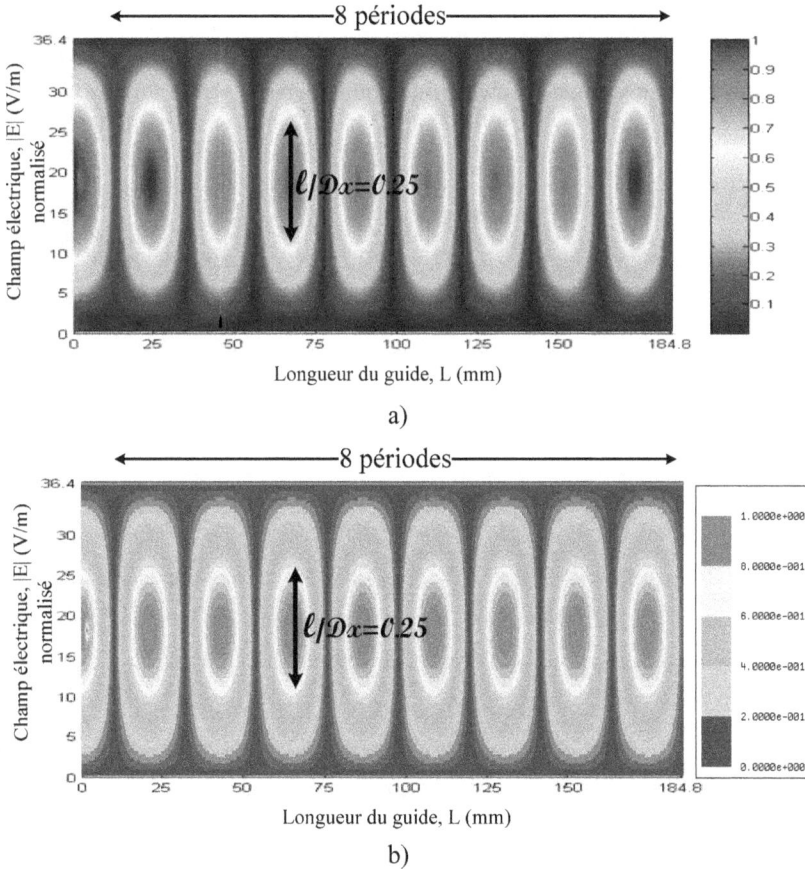

a)

b)

Figure 4.9 Champ électrique normalisé le long du guide SINRD.
a) WCIP, b) HFSS

Dans cette partie, nous avons caractérisé un guide SINRD avec la WCIP. La propagation du mode fondamental dans cette structure a été analysée et comparée à la propagation dans un guide équivalent homogénéisé sous HFSS. On observe le même nombre de périodes et la même répartition du champ.

Le temps de simulation avec la WCIP est de 0.35s contre 1.5s pour la FEM par point de fréquence, avec simplification du substrat intégré dans la FEM alors que la WCIP prend en compte les vias trous dans la simulation (HFSS : mesh : 84447 tetrahedra, Δs :0.01, N° de passes max :20).

4.3.1.d *Résonateur SINRD*

On considère un résonateur diélectrique de longueur L et de largeur ℓ dans une structure SINRD.

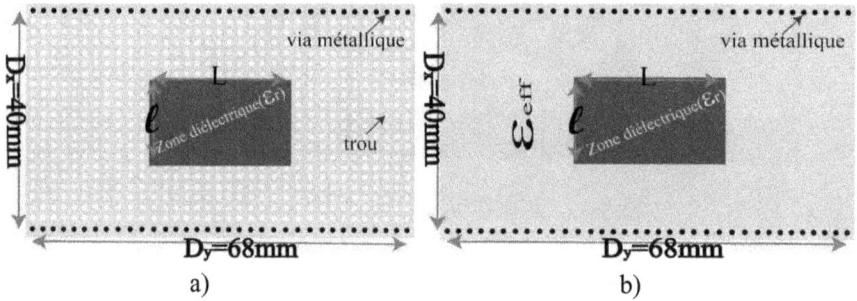

Figures 4.10 a) Résonateur SINRD b) Résonateur équivalent.

Prenons ℓ=10mm (soit ℓ/Dx=0.25) afin d'assurer la fonction de résonateur on choisit donc $\approx \lambda_g/2$ =34mm (le point correspondant est indiqué par une croix sur la Figure 4.8, il correspond d'une fréquence de 3.81 GHz.

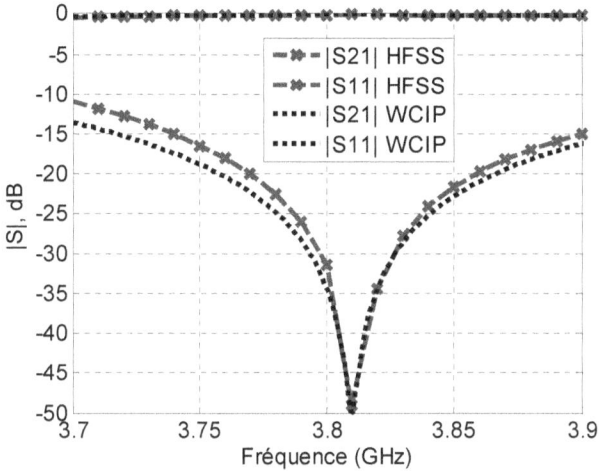

Figure 4.11 Paramètres S d'un résonateur SINRD, L=34mm pour ℓ=10mm.

On constate qu'à la résonance tout est réfléchi comme attendu.

4.3.2 Filtre

Les filtres permettent de sélectionner des bandes de fréquences tout en rejetant les signaux parasites et ils sont utilisés dans pratiquement tous les systèmes de communications. Plusieurs travaux ont été faits sur la conception des filtres SINRD [122], [124]. La méthode WCIP est testée sur ces filtres SINRD. Les résultats obtenus pour trois ordres de développement de filtre sont comparés avec des mesures, et des simulations obtenues avec HFSS dans lesquelles le milieu diélectrique troué est remplacé par un milieu ε_{eff} comme dans la partie 4.3.1 (avec ε_{eff}=2.0177).

4.3.2.a *Fabrication*

Pour réaliser ces prototypes de filtre SINRD, il a fallu enlever les faces cuivrées du substrat, cela a permis de percer "proprement" tous les vias trou dans le substrat. En effet, la présence des faces cuivrées détériore trop rapidement le forêt de perçage. Les plans de masse ont été réalisés grâce à des plaques de laiton rapportées de chaque côté du substrat troué. Pour réaliser les vias métalliques, on a d'abord percé le substrat, ensuite percé les deux plaques de laiton et enfin connecté l'ensemble avec des vias de diamètre 1,25mm. Pour les connecteurs coaxiaux, deux trous de même diamètre ont été percé dans le diélectrique et dans la plaque de laiton inférieure, pour connecter l'âme centrale du connecteur SMA. Dans la plaque de laiton supérieure, on a percé un trou de diamètre 4.2mm pour ne pas court-circuiter le connecteur. Le diamètre de 4.2mm correspond au diamètre intérieur du téflon dans le connecteur SMA. Le diélectrique percé est présenté sur la Figure 4.12.

Figure 4.12 Photographie du substrat du filtre SINRD réalisé (ordre 2).

4.3.2.b *Conception du filtre SINRD*

On cherche à trouver les bonnes dimensions de la structure SINRD afin qu'elle puisse fonctionner à la fréquence désirée de 3.8 GHz. Les étapes sont similaires à celles effectuées pour les filtres SIW.

On introduit des zones diélectriques de façon à créer des fréquences de résonance de cavité correspondant aux fréquences de transmission du filtre passe-bande autour de 3.8 GHz.

La topologie du filtre SINRD proposée est illustrée sur les Figures 4.13. Les trous d'air sont utilisés pour abaisser la constante diélectrique du substrat et avoir des caractéristiques proches de l'air. a et p sont respectivement le rayon des vias (métal ou trou) et la distance centre à centre des trous. Dans HFSS, les trous ont été remplacés par un substrat avec la permittivité diélectrique ε_{eff} pour des raisons de coût mémoire, comme dans la partie précédente.

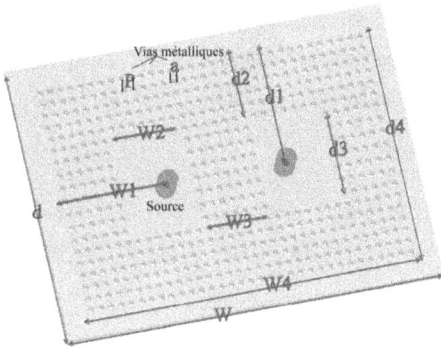
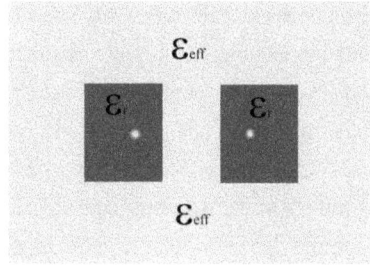

| a) | b) |

Figures 4.13 a) Schéma du filtre SINRD b) filtre SINRD homogène équivalent.

Dans ce circuit, toutes les dimensions du filtre SINRD sont reportées dans le Tableau 4-3.

Tableau 4-3 Dimensions du filtre SINRD du deuxième ordre

Symbole	Valeur (mm)
w	70
d	42
w_1	22
w_2	12
w_3	14
w_4	68
d_1	20
d_2	14
d_3	10
d_4	40
p	2
a	1.25
h	1.524
ε_{eff}	2.018
ε_r	2.55
tan δ	0.0015

Le coefficient de réflexion S11 et le coefficient de transmission S21 sont tracés sur les Figures 4.14. Les mesures du filtre et les simulations avec la WCIP et HFSS sont en bon accord avec une ondulation de 0.046 dB dans la bande passante et une bande-passante relative de 17.4%. Le temps de simulation avec la WCIP est de 4.3s contre 6.22s pour la FEM par point de fréquence, avec simplification du substrat intégré dans la FEM alors que la WCIP prend en compte les vias trous dans la simulation (HFSS : mesh : 24743 tetrahedra, Δs :0.01, N° de passes max :20).

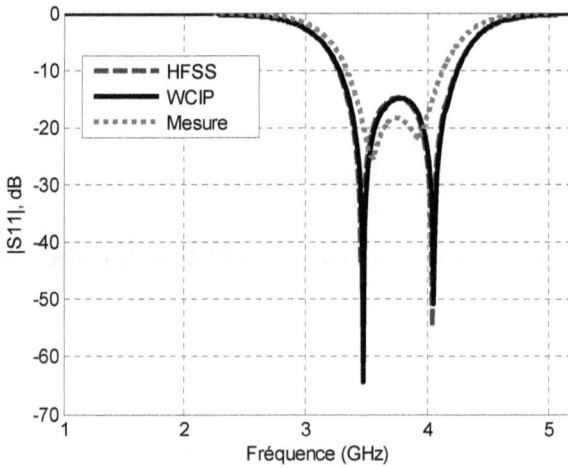

a)

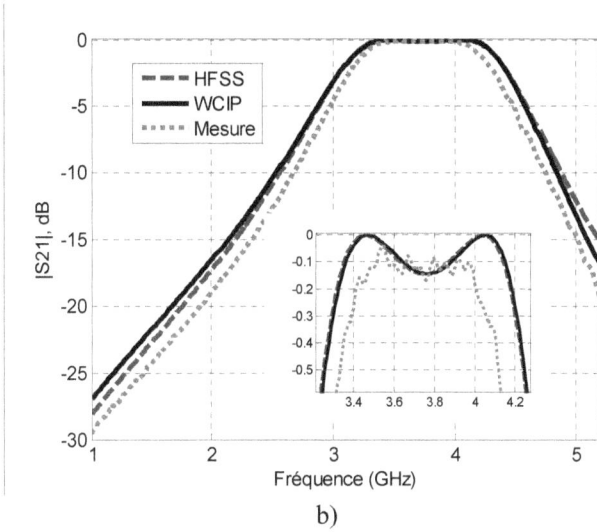

b)

Figures 4.14 Comparaison mesures et simulations des paramètres S du filtre d'ordre 2.

a) coefficient de réflexion, b) coefficient de transmission

4.3.2.c *3ième Ordre*

Les mêmes opérations sont appliquées pour développer un filtre d'ordre 3. Ce filtre comporte trois résonateurs et deux inverseurs. La Figures 4.15a illustre la vue de dessus du filtre SINRD proposé. Les dimensions du filtre sont données dans le Tableau 4-4.

Le schéma de ce filtre est présenté sur les Figures 4.15.

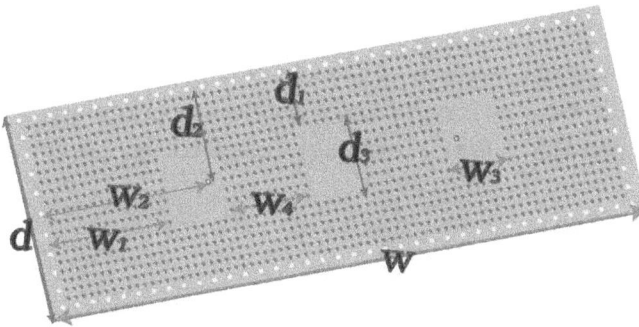

a)

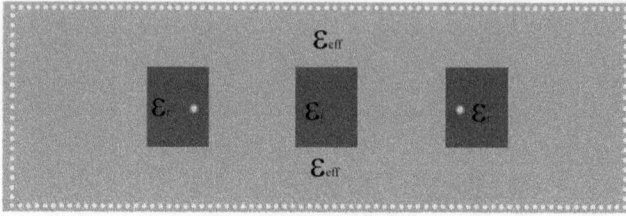

b)

Figures 4.15 Schéma du a) filtre SINRD du 3ième ordre b) filtre SINRD du
3ième ordre équivalent.

Tableau 4-4 Dimensions du filtre SINRD du 3ième ordre (Unité : mm)

Symbole	Valeur (mm)
w	148
d	40
w_1	30
w_2	40
w_3	14
w_4	22
d_1	14
d_2	20
d_3	10
P	2
a	1.25
h	1.524
ε_{eff}	2.018
ε_r	2.55

La réponse en paramètres S de ce filtre est présentée sur les Figures 4.16, les
simulations et mesures sont également globalement en bon accord avec une
ondulation de 0.012 dB dans la bande passante et une bande-passante relative de
23.06%.

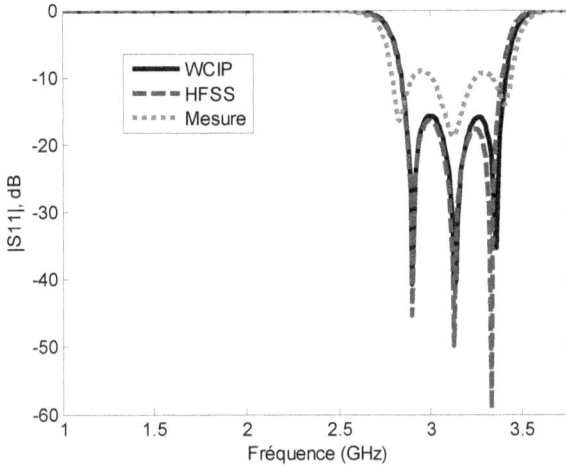

a)

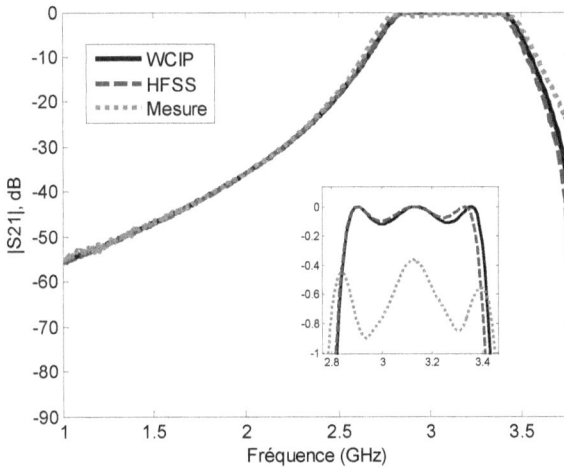

b)

Figures 4.16 Comparaison mesures et simulations des paramètres S du filtre
SINRD d'ordre 3

a) coefficient de réflexion, b) coefficient de transmission.

Le temps de calcul avec la WCIP est de 7.1s contre 12s pour la FEM par point
de fréquence, avec simplification du substrat intégré dans la FEM alors que la

WCIP prend en compte les vias trous dans la simulation <u>(HFSS : mesh : 37100 tetrahedra, Δs :0.01, N° de passes max :20).</u>

4.3.2.d *4ième Ordre*

Les mêmes opérations sont appliquées pour développer un filtre d'ordre 4. La bande-passante relative est de 20.13% avec une ondulation de 0.05 dB. Les dimensions du filtre sont données dans le Tableau 4-5. Ce filtre comporte quatre résonateurs et trois inverseurs, son schéma est présenté sur les Figures 4.17.

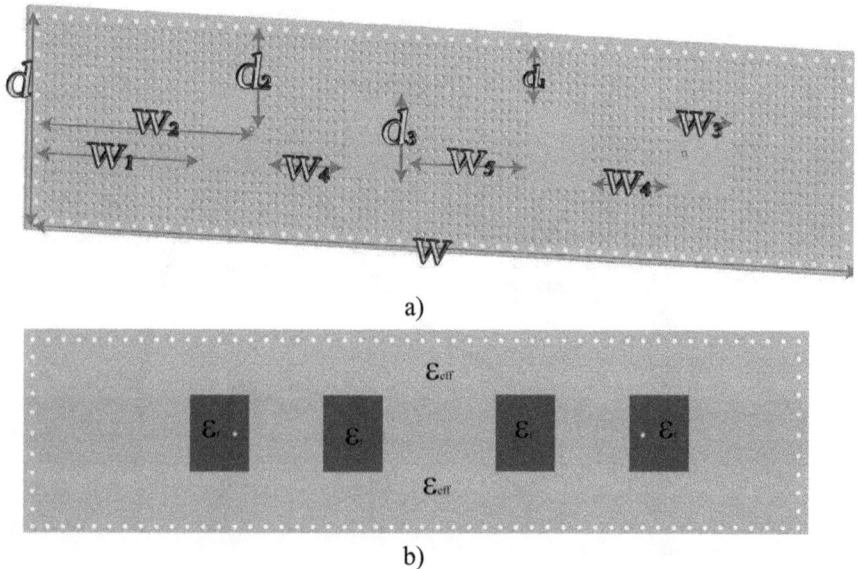

a)

b)

Figures 4.17 Schéma du a) filtre SINRD le 4ième ordre b) filtre SINRD du 4ième ordre équivalent.

Tableau 4-5 Dimensions du filtre SINRD du 4ième ordre
(Unité : mm)

Symbole	Valeur (mm)
w	200
d	40
w_1	38
w_2	48
w_3	12
w_4	18
w_5	28
d_1	12
d_2	20
d_3	16
p	2
a	1.25
h	1.524
ε_{eff}	1.095
ε_r	2.55
tan δ	0.0015

Les paramètres S obtenus par simulation sont présentés sur les Figures 4.18, les résultats sont globalement en bon accord.

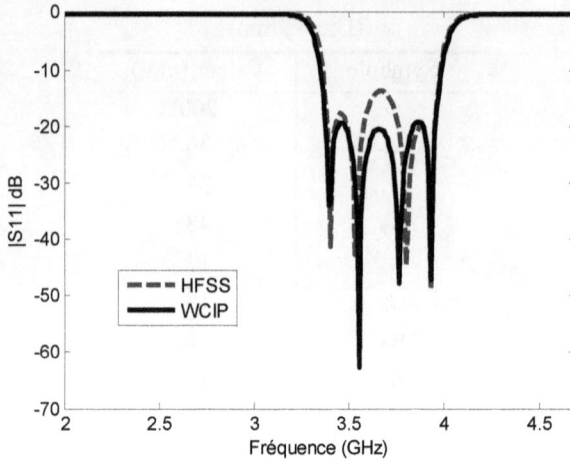

a)

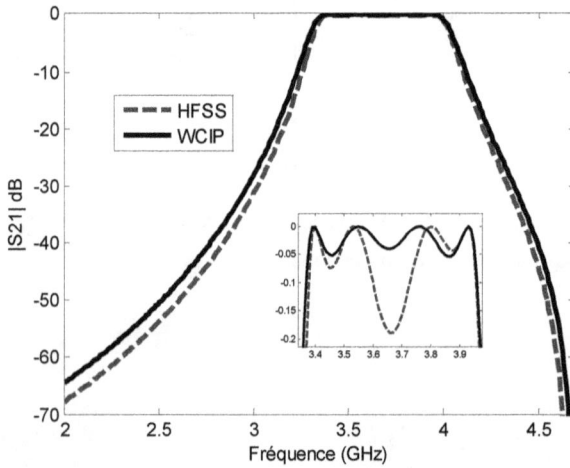

b)

Figures 4.18 Comparaison mesures et simulations des paramètres S du filtre
SINRD d'ordre 4

a) coefficient de réflexion, b) coefficient de transmission.

Le temps de simulation avec la WCIP est de 8.9s contre 18.12s pour la FEM par
point de fréquence, avec simplification du substrat intégré dans la FEM alors

que la WCIP prend en compte les vias trous dans la simulation (HFSS : mesh : 53048 tetrahedra, Δs :0.01, N° de passes max :20).

4.4 Conclusion

Un des principaux avantages du guide SINRD est la possibilité de l'intégrer sur le même substrat diélectrique que celui utilisé dans une technologie SIW [10]. C'est donc une autre forme planaire de conception majeure pour les SICs. Au cours de ce chapitre, la méthode WCIP a été étendue à l'étude de ces guides SINRD. L'opérateur spatial a été modifié de façon à prendre en compte le changement de diélectrique dans des vias. Plusieurs cas de validation ont été présentés : guide SINRD, résonateur SINRD et filtres passe-bande SINRD d'ordres 2, 3 et 4. Dans tous ces cas, les résultats obtenus avec la WCIP ont été validés par comparaison avec des mesures ou des simulations (HFSS). Les temps de calcul sont très faibles dans chaque cas.

CONCLUSION GENERALE ET PERSPECTIVES

CONCLUSION GENERALE ET PERSPECTIVES

Les travaux réalisés au cours de cette thèse ont porté sur la modélisation et la conception de structures en technologies SIW et SINRD, notamment avec la réalisation de guides, cavités, filtres passe bande….

La modélisation s'est faite avec une méthode itérative basée sur le concept d'ondes (WCIP).

Dans ce manuscrit, une présentation générale sur les différents types de structure en technologie SIW et SINRD est détaillée selon l'historique, la technologie, puis des exemples de circuits. Cette étude a été focalisée sur les performances remarquables des technologies SIW et SINRD.

Dans le deuxième chapitre, la méthode itérative basée sur le concept d'onde a été reformulée et améliorée. Cette méthode s'avère très rapide et précise pour l'étude de circuits SIW et SINRD.

Dans le troisième chapitre, la WCIP a été adaptée pour modéliser des structures SIW. Grâce à la WCIP plusieurs structures SIW (guide, cavité, filtre, …) ont été qualifiées avec succès : précision, faible temps de calcul et faible occupation mémoire. La méthode WCIP semble être une méthode efficace pour l'étude de circuits SIW à vias métalliques.

Dans le quatrième chapitre, la méthode WCIP a été développée pour être appliquée à des structures en technologie SINRD. L'opérateur spatial a été modifié de façon à prendre en compte le changement de diélectrique. Plusieurs exemples de structures SINRD ont ainsi été qualifiés, comme des guides SINRD, des résonateurs et des filtres passe-bande. Dans tous ces cas, les résultats obtenus avec la WCIP ont été validés par comparaison avec la mesure et la simulation (HFSS). Les temps de calcul sont très faibles à précision identique.

En ce qui concerne les perspectives de ce travail, elles sont nombreuses :

- généralisation des SICs à des structures dont chaque cellule est un circuit arbitraire, les applications vont des metamatériaux aux reflect-array, aux répartiteurs pour antennes réseaux. Ces techniques de conception pourraient être appliquées à des technologies type nanofils et nanopores pour réaliser des fonctions similaires plus haut en fréquence.

- Comparaison avec d'autres méthodes numériques plus adaptées comme la MoM mais non disponible actuellement au laboratoire, collaboration avec l'université de Pavia-Italie?

- Concevoir et tester un dispositif de plus grande taille alliant les deux technologies SIW et SINRD.

- Voir les performances de la méthode quand l'hypothèse d'homogénéisation n'est plus valide.

- Utilisation de matériaux actuels comme perturbateur « nanotubes de carbone » ou « plasma » en lieu et place de certains vias du dispositif.

BIBLIOGRAPHIE

Bibliographie

[1] L. YOUNG, E. M. T. JONES, G. MATTHAEI, "Microwave filters, impedance-matching networks, and coupling structures," *Boston, Artech House, 1980*, 1980, ISBN: 978-0890060995.

[2] R.H. JANSEN, N.H.L. KOSTER, M. KIRSCHNING, "Measurement and computer-aided modeling of microstrip discontinuities by an improved resonator method," *IEEE MTT-S International Symposium Digest*, pp. 495-497, 1983.

[3] B.H.Ahmad,A.R.B. Othman, S.S.Sabri, "A review of Substrate Integrated Waveguide (SIW) bandpass filter based on different method and design," *Applied Electromagnetics (APACE), IEEE Asia-Pacific Conference on*, vol. 50, no. 3, pp. 210-215, Dec 2012.

[4] Y. Zhang, B. Yan, P.Qiu, "A Novel millimeter-wave Substrate Integrated Waveguide (SIW) filter buried in LTCC," *Microwave Conference, APMC 2008. Asia-Pacific*, pp. 1-4, Dec 2008.

[5] M.Ando, J. Hirokawa, "Single-layer feed waveguide consisting of posts for plane TEM wave excitation in parallel plates," *IEEE Trans. Antennas Propagat*, vol. 46, pp. 625-630, May 1998.

[6] K. Wu, F. Xu, "Guided-wave and leakage characteristics of substrate integrated waveguide," *IEEE Trans. Microwave Theory Tech*, vol. 53, pp. 66-72, 2005.

[7] K. Leahy, B. Flanick, K. A. Zak, A. Piloto, "Waveguide filters having a layered dielectric structures," Jan 1995.

[8] F. Shigeki, "Waveguide line," *Japanes patent: JP 06 053711*, 1994.

[9] J. Hirokawa, T. Yamamot, A. Akiyama, N. Kimura, Y. Kimura, N. Goto, M. Ando, "Novel single-layer waveguides for high-efficiency millimeter-wave arrays," *IEEE millimeter waves conference proceedings*, pp. 177-180, Jan 1997.

[10] J. Hirokawa, T. Yamamot, A. Akiyama, N. Kimura, Y. Kimura, N. Goto, M. Ando, "Novel single-layer waveguides for high-efficiency millimeter-wave arrays," *IEEE Trans. Microw. Theory Tech.*, vol. 46, no. 6, pp. 792-799, Jan 1998.

[11] T. Takenoshita, M. Fuji, H. Uchimura, "Development of a Laminated waveguide," *IEEE Trans. on Microw. Theory Techn*, vol. 46, no. 12, pp. 2438-2443, Dec 1998.

[12] D. Deslandes and Ke Wu, "Integrated microstrip and rectangular waveguide in planar form," *IEEE Microwave Compon Lett*, vol. 11, pp. 68-70, Feb 2001.

[13] D. Deslandes and Ke Wu, "Integrated transition of coplanar to rectangular waveguides," *IEEE MTT-S*, pp. 619-622, 2001.

[14] V. Mottonen and A.V., Raisanen, "Novel wide-band coplanar waveguide-to rectangular waveguide transition," *IEEE Trans. Microw. Theory Tech*, vol. 52, no. 8, pp. 1836-1842, Aug 2004.

[15] K. Wu, X.P. Chen, "Substrate Integrated Waveguide cross coupled filter with negative coupling structure," *IEEE Trans. Microw. Theory Tech*, vol. 56, no. 1, pp. 142-149, 2008.

[16] W. Hong, X. P. Chen, J. X. Chen, K. Wu, Z. C. Hao, "Compact super-wide bandpass Substrate Integrated Waveguide (SIW) filters," *IEEE Trans. Microw. Theory Tech*, vol. 53, no. 9, pp. 2968-2977, 2005.

[17] D. Deslandes, K. Wu, Y. Cassivi, "Substrate integrated waveguide directional couplers," *Asia-Pacific Microw. Conf*, 2002.

[18] T. Djerafi and Ke Wu, "Super-compact Substrate Integrated Waveguide cruciform directional coupler," *IEEE Microw. Wireless Comp. Lett.*, vol. 17, no. 11, pp. 757-759, 2007.

[19] W. Hong, X. P. Chen, J. X. Chen, K. Wu, Z. C. Hao, "Planar diplexer for microwave integrated circuits," *IEE Proc. Microw. Antennas Propagat*, vol. 152, no. 6, pp. 455-459, 2005.

[20] W. Hong, J.-X. Chen, G. Q. Luo, K. Wu, H. J. Tang, "Development of millimeter-wave planar diplexers based on complementary characters of dualmode substrate integrated waveguide filters with circular and elliptic cavities," *IEEE Trans. Microw. Theory Techn*, vol. 55, no. 4, pp. 776-782, 2007.

[21] R. G. Bosisio, K. Wu, X. Xu, "A new six-port junction based on Substrate Integrated Waveguide technology," *IEEE Trans. Microw. Theory Techn*, vol. 53, no. 7, pp. 2267-2273, 2005.

[22] K. WU, J. A. Helszajn, W. D'Orazio, "Substrate integrated waveguide degree-2 circulator," *IEEE Microw. Wireless Comp. Lett*, vol. 14, no. 5, pp. 207-209, 2004.

[23] K. Wu, W. D'Orazio, "Substrate-integrated-waveguide circulators suitable for millimeter-wave integration," *IEEE Trans. Microw. Theory Techn*, vol. 54, no. 10, pp. 3675-3680, 2006.

[24] W. Hong, G. Hua, J. Chen, K. Wu, T. J. Cui, L. Yan, "Simulation and experiment on SIW slot array antennas," *IEEE Microw. Wireless Comp. Lett*, vol. 14, no. 9, pp. 446-448, 2004.

[25] W. Hong, K. Wu, Y. J. Cheng, "Design of a monopulse antenna using a Dual V-Type Linearly Tapered Slot Antenna (DVLTSA)," *IEEE Trans. Antennas Propagat*, vol. 56, no. 9, pp. 2903-2909, 2008.

[26] K.Wu, Y. Cassivi, "Low cost microwave oscillator using substrate integrated waveguide cavity," *IEEE Microw. Wireless Comp. Lett*, vol. 13, no. 2, pp. 48-50, 2003.

[27] J. Xu, Z. Yu, Y. Zhu, C. Zhong, "Ka-Band Substrate Integrated Waveguide Gunn Oscillator," *IEEE Microw. Wireless Comp. Lett*, vol. 18, no. 7, pp. 461-463, July 2008.

[28] W. Hong, Z.-C. Hao, H. Li and K. Wu, J.-X. Chen, "Development of a low cost microwave mixer using a broad-band Substrate Integrated Waveguide (SIW) coupler," *IEEE Microw. Wireless Comp. Letter*, vol. 16, no. 2, pp. 84-86, 2006.

[29] G. Wen, H. Jin, "A novel four-way Ka-band spatial power combiner based on HMSIW," *IEEE Microw. Wireless Comp. Lett*, vol. 18, no. 8, pp. 515-517, 2008.

[30] M. Shahabadi, M. Abdolhamidi, "X-band substrate integrated waveguide amplifier," *IEEE Microw. Wireless Comp. Lett*, vol. 18, no. 12, pp. 815-817, 2008.

[31] Luca PERREGRINI, Ke WU, Paolo ARCIONI, Maurizio BOZZI, "Current and Future Research Trends in Substrate Integrated Waveguide Technology," *Radioengineering*, vol. 18, no. 2, pp. 201-209, 2009.

[32] Benjamin Potelon, Eric Rius, Jean-François Favennec, Cédric Quendo, Hervé Leblond, Abbas El Mostrah, "Filtre SIW d'ordre 6 en bande C avec

un couplage croisé. Analyse expérimentale du comportement thermique," *Journées Nationales Microondes*, pp. 1-3, Mai 2011.

[33] L. Perregrini, K. Wu, M. Bozzi, "Modeling of Conductor, Dielectric and Radiation Losses in Substrate Integrated Waveguide by the Boundary Integral-Resonant Mode Expansion Method," *IEEE Transactions on Microwave Theory and Techniques*, vol. 56, no. 12, pp. 3153-3161, Dec 2008.

[34] D.Deslandes, Y. Cassivi, K. Wu, "The substrate integrated circuits - a new concept for high-frequency electronics and optoelectronics," Telecommunications in Modern Satellite, Cable and Broadcasting Service Modern Satellite, Cable and Broadcasting Service," *TELSIKS 2003. 6th International Conference on* , Oct 2003.

[35] K. Wu, "Substrate Integrated Circuits (SICs) – AParadigm for Future GHz and THz Electronic and Photonic Systems," *IEEE, Circuits and Systems Society Newsletter*, vol. 3, no. 2, Apr 2009.

[36] Ke. WU, "Substrate Integrated Circuits (SICs) for GHz and THz Electronics and Photonics: Current Status and Future Outlook," *German Microwave Conference* , pp. 292-295, 2010.

[37] M. Georgiadis, A. Wu, K., Bozzi, "Review of substrate-integrated waveguide circuits and antennas," *Microwaves, Antennas & Propagation, IET*, vol. 5, no. 8, pp. 909-920, June 2011.

[38] N. Raveu, G. Prigent, O. Pigaglio, H. Baudrand, K. Al-Abdullah, A. Ismail Alhzzoury, "Substrate Integrated Waveguide Filter Design with Wave Concept Iterative Procedure," *Microwave and Optical Technology Letters*, vol. 53, no. 12, pp. 2939-2942, Dec 2011.

[39] N. Raveu, H. Baudrand, K. Al-Abdullah, A. Ismail Alhzzoury, "Caractérisation de circuits SIW par méthode modale," *18èmes Journées Nationales Microondes*, Mai 2013.

[40] Ji-Xin Chen, Wei Hong, Zhang-Cheng Hao, Hao Li, and Ke., Wu, "Development of a low cost microwave mixer using a broad-band substrate integrated waveguide (SIW) coupler," *IEEE, Microwave and Wireless Components Letters*, vol. 16, no. 2, pp. 84-86, Feb 2006.

[41] Guo Hua Zhai et al., "Folded Half Mode Substrate Integrated Waveguide

3 dB Coupler," *IEEE Microwave and Wireless Components Letters*, vol. 18, no. 8, pp. 512-514, Aug 2008.

[42] D. Makris, K. Voudouris, N. Athanasopoulos, "Design and Development of 60 GHz Millimeter-wave Passive Components using Substrate Integrated Waveguide Technology," *2nd Pan-Hellenic Conference on Electronics and Telecommunications- PACET 12*, March 2012.

[43] Yong Liu, Xiao-Hong Tang, Tao Wu, Ling Wang, and Fei, Xiao, "A SIW-based concurrent dual-band oscillator," *Microwave and Millimeter Wave Technology (ICMMT)*, vol. 1, pp. 1-4, May 2012.

[44] J., Wu, K., Xu, "A subharmonic self-oscillating mixer using substrate integrated waveguide cavity for millimeter-wave application," *IEEE MTT-S Int. Microwave Symp*, pp. 1-4, June 2005.

[45] M. Shahabadi, M.Abdolhamidi, "X-Band Substrate Integrated Waveguide Amplifier," *Microwave and Wireless Components Letters, IEEE*, vol. 18, no. 12, pp. 815-817, Dec 2008.

[46] A. Georgiadis, A. Collado, M. Bozzi, L. Perregrini, F. Giuppi, "Tunable SIW Cavity Backed Active Antenna Oscillator," *IET Electronics Letters*, vol. 46, no. 15, pp. 1053-1055, July 2010.

[47] H. Yousef, H.Kratz, Shi. Cheng, "79 GHz Slot Antennas Based on Substrate Integrated Waveguides (SIW) in a Flexible Printed Circuit Board," *Antennas and Propagation, IEEE Transactions on* , vol. 57, no. 1, pp. 64-71, Jan 2009.

[48] Li Yan et al., "Simulation and experiment on SIW slot array antennas," *Microwave and Wireless Components Letters, IEEE*, vol. 14, no. 9, pp. 446-448, Sept 2004.

[49] A.Borji, M-Shahabdi, SSafavi-Nwini, D-Busuioc, "Low loss integrated waveguide feed network for planar antenna arrays," *Antennas and Propagation Society International Symposium, IEEE*, vol. 2B, pp. 646-649, July 2005.

[50] A. Borji, D. Busuioc, S. Safavi-Naeini, A. Bakhtafrooz, "Novel two-layer millimeter-wave slot array antennas based on substrate integrated waveguides," *Progress In Electromagnetics Research*, vol. 109, pp. 475-491, 2010.

[51] K. Wu, "Substrate integrated circuits (SICs) for low-cost high-density integration of millimeter-wave wireless systems," *Proc. RWS*, pp. 683-686, Jan 2008.

[52] S. Nishida, T.Yoneyama, "Nonradiative Dielectric Waveguide for Millimeter-Wave Integrated Circuits," *IEEE Transaction on Microwave Theory and Techniques, MTT*, vol. 26, pp. 1188-1192, Nov 1981.

[53] K. Wu, F.Boone, "Guided-wave properties of synthesized nonradiative dielectric waveguide for substrate integrated circuits (SICs)," *IEEE Int. Microw. Symp., Phoenix*, vol. 2, pp. 723-726, June 2001.

[54] K. Wu, Y. Cassivi, "Substrate Integrated Non-Radiative Dielectric (SINRD) Waveguide," *IEEE Microw. and Wireless Components Lett*, vol. 14, pp. 89-91, 2004.

[55] K.Wu, P.Mondal, "A Leaky-Wave Antenna in Substrate Integrated Non-Radiative Dielectric (SINRD) Waveguide With Controllable Scanning Rate," *Antennas and Propagation, IEEE Transactions on*, vol. 61, no. 4, pp. 2294-2297, April 2013.

[56] Ke Wu, Feng Xu, "Substrate Integrated Nonradiative Dielectric Waveguide Structures Directly Fabricated on Printed Circuit Boards and Metallized Dielectric Layers," *Transactions on microwave theory and techniques*, vol. 59, no. 12, pp. 3067-3086, Dec 2011.

[57] A. Bacha and Ke Wu, "LSE-Mode Balun for Hybrid Integration of NRD-Guide and Microstrip Line," *IEEE Microwave and Guided Wave Letters*, pp. 199-201, 1998.

[58] Y. Cassivi, D. Deslandes, and Ke. Wu, "Design considerations of engraved NRD guide for millimeter-wave integrated circuits," *IEEE Trans. Microw. Theory Tech*, vol. 50, no. 1, pp. 165-171, 2002.

[59] P.R. Young, N. Grigoropoulos, "Low cost non radiative perforated dielectric waveguide," *Proeceedings of the 33rd European Conference on Microwave*, pp. 439-442, Oct 2003.

[60] Y.cassivi, K. Wu, "Millimeter wave substrate integrated nonradiating nonradiating dielectric (SINRD) waveguide," *Asia-Pacific Microw. Conf, Seoul*, Nov 2003.

[61] M. Bozzi, Duochuan Li, S. Germani, L. Perregrini, and Ke., Wu,

"Analysis of NRD Components Via the Order-Reduced Volume-Integral-Equation Method Combined With the Tracking of the Matrix Eigenvalues," *IEEE Transactions on microwave theory and techniques*, vol. 54, no. 1, pp. 339-347, Jan 2006.

[62] T. Yoneyama, "Millimeter-wave integrated circuits using nonradiative dielectric waveguide," *Electron. Commun. Jpn*, vol. 74, no. 2, pp. 20-28, 1991.

[63] K.Wu, L.Han, "Hybrid integrated technology of planar circuits and NRD guide for cost effective microwave and millimeter-wave applications," *IEEE Trans. Microwave Theory Tech*, vol. 45, pp. 946-954, 1997.

[64] A.Wu, K., Bosisio, R.G., Hongming, "Analytical and experimental investigations of aperture coupled unidirectional dielectric radiator arrays (UDRA)," *IEEE Trans, Antennas Propag*, vol. 44, no. 9, 1996.

[65] J.A.G., Malherbe, "Nonradiative dielectric waveguide with perforated dielectric strip," *Electronics letters*, vol. 41, no. 4, pp. 1-2, Feb 2005.

[66] N. Ghassemi and Ke Wu, "Planar Dielectric Rod Antenna for Gigabyte Chip-to-Chip Communication," *IEEE TRANSACTIONS ON ANTENNAS AND PROPAGATION*, vol. 60, no. 10, pp. 4924-4928, Oct 2012.

[67] Y. Cassivi and K., Wu, "Substrate integrated circuits concept applied to the nonradiative dielectric guide," *IEE Proc.-Microw. Antennas Propag*, vol. 152, no. 6, pp. 424-433, Dec 2005.

[68] H. Baudrand, "Méthodes numériques en propagation," *Conference proceedings, 20th European Microwave Conference* , vol. 20, Sept 1985.

[69] H. Baudrand, *Introduction au calcul des éléments de circuits passifs en hyperfréquences*, 9782854285376th ed., 2001.

[70] M. F. Wong, V. F. Hanna, J. Citerne, K. Guillouard, "A new global finite element analysis of microwave circuits including lumped elements," *IEEE MTT-S Int. Microwave Symp. Dig., Sans Francisco, CA*, pp. 355-358, June 1996.

[71] A. Saidane et A. Samet, K. Kochlef, "Nouvelle Formulation Spectrale/Spatiale de la méthode des Moments pour l'étude des structures Planaires," *18ème Colloque International, Optique Hertzienne et Diélectriques (OHD 2005)*, Sept 2005.

[72] A. Zugari, M. Khalladi, M.I. Yaich, N. Raveu, and H., Baudrand, "New approach: WCIP and FDTLM hybridization," *Microwave Symposium (MMS)*, pp. 1-4, Nov 2009.

[73] Harrington R.F, *Field Computation by Moment Methods*, réimprimée, illustrée ed., USA, 1993 Oxford University Press, Ed. ISBN: 9780198592174, 1993, ISBN: 9780198592174.

[74] M. Y. Mah, A. Ferendeci, L. L. Liou, "Equivalent Circuit Parameter Extraction of Microstrip Coupling Lines Using FDTD Method," *IEEE Transaction on Antennas and Propagation Society International Symposium*, vol. 3, no. 3, pp. 1488-1491, Jun 2000.

[75] R. Courant, "Variational Methods for the Solution of Problems of Equilibrium and Vibration," *Bulletin of the American Mathematical Society*, vol. 49, no. 1, pp. 1-23, 1943.

[76] Lezhu Zhou and L.E., Davis, "Finite element method with edge elements for waveguides loaded with ferrite magnetized in arbitrary direction," *IEEE Trans. Microwave Theory Tech*, vol. 44, no. 6, pp. 809-815, June 1996.

[77] K. Ise, K. Inoue, and M., Koshiba, "Tree–dimensional finite element method with edge elements for electromagnetic waveguide discontinuities," *IEEE Trans. Microwave Theory Tech*, vol. 39, no. 8, pp. 1289-1296, Aug 1991.

[78] A. Taflove,J. A. Mix,H. Heck, J. J. Simpson, "Computational and Experimental Study of a Microwave Electromagnetic Bandgap Structure With Wave guiding Defect for Potential Use as a Bandpass Wireless Interconnect," *IEEE Microwave & Wireless Components Letters*, vol. 14, pp. 343-345, 2004.

[79] Che.Wenquan, Y.L.Chow, "Successive SIW (Substrate Integrated Waveguides) Types for Width Reductions by Physical Reasoning and Formulas by Analytical (Use of) MoM," *IEEE Microwave & Millimeter Wave Technology*, pp. 1746-1749, 2008.

[80] G. Amendola, E. Arnieri, "Analysis of substrate integrated waveguide structures based on the parallel-plate waveguide green's function," *IEEE Trans. on MTT*, vol. 56, pp. 1615-1623, 2008.

[81] H.Aubert, H.Baudrand, M.Azizi, "A new iterative method for scattering problems," *Microwave Conference, 25th European*, vol. 1, pp. 255-258, Sept 1995.

[82] A. Gharsallah, A. Gharbi, H. Baudrand, M. Kaddour, "Analysis of shielded coplanar structures type transmissions lines using iterative method: Application to CPW and fin-line step discontinuity," *International Journal of Modeling and Simulation*, vol. 25, no. 2, pp. 119-126, February 2005.

[83] M. Zabbat, M. Draidi, H. Amria, "Les caractéristiques électromagnétiques de circuit planaire actif intégrant un transistor MESFET par la méthode itérative Wave Concept Iterative Process WCIP," *Journal of Science Research N 3, Vol. 1, p. 3-6*, vol. 1, no. 3, pp. 3-6, 2012.

[84] M.F. Wong, H. Baudrand, V. Fouad-Hanna, E. Richalot, "An Iterative Method for Modeling of Antennas," *International Journal of RF and Microwave Computer-Aided*, vol. 11, pp. 194-201, Jun 2001.

[85] H. Baudrand, N. Raveu, N. Sboui, and G, Fontgalland, "Applications of multiscale waves concept iterative procedure," *Microwave and Optoelectronics Conference*, pp. 748-752, Oct 2007.

[86] K. Wu, D.Deslandes, "Single substrate integration technique of planar circuits and waveguide filters," *IEEE Microwave Theory Tech*, vol. 51, pp. 593-596, 2003.

[87] W. D'Orazio, K. Wu, and J., Helszajn, "A substrate integrated waveguide degree-2 circulator," *IEEE Microwave Wireless Compon Lett*, vol. 14, pp. 207-209, 2004.

[88] Ji-Xin Chen, Wei Hong, Zhang-Cheng Hao, Hao Li, and Ke., Wu, "Development of a low cost microwave mixer using a broadband substrate integrated waveguide (SIW) coupler," *IEEE Microwave Wireless Compon Letter*, vol. 16, pp. 84-86, Feb 2006.

[89] Z. Houaneb, H. Zairi, A. Gharsallah, and H., Baudrand, "A new wave concept iterative method in cylindrical coordinates for modeling of circular planar circuits," *Systems, Signals and Devices (SSD), 8th International Multi-Conference on*, pp. 1-7, March 2011.

[90] D. Deslandes, K. Wu, S.Germain, "Development of substrate integrated

waveguide power dividers," *Electrical and Computer Engineering, 2003. IEEE CCECE 2003. Canadian Conference on*, vol. 3, pp. 1921-1924, May 2003.

[91] P.R. Young, A.J. Farrall, "Integrated waveguide slot antennas," *Electron Letter*, vol. 4, pp. 974-975, 2004.

[92] T. P. Vuong, I. Terrasse, G.P. Piau,H. Baudrand, N.Raveu, "Near fields evaluated with the wave concept iterative procedure method for an E-polarisation plane wave scattered by cylindrical strips," *Microw. and Optical Tech. Letters*, vol. 38, no. 5, pp. 403-406, Sept 2003.

[93] H. Baudrand, N. Raveu, "Metallic EBG characterization with the WCIP," *IEEE APS-URSI*, Juillet 2009.

[94] L. Giraud, H. Baudrand, N. Raveu, "WCIP acceleration," *APMC*, 2010.

[95] L. Giraud, H. Baudrand, N. Raveu, "WCIP improvement through new iterative solution technique," *SCEE*, Sept 2010.

[96] L.Giraud, H. Baudrand N. Raveu, "Accélération de la WCIP," *JNM*, Mai 2011.

[97] C. A. Balanis, *Antenna Theory: Analysis and Design, 3rd*. New York, 2005, ISBN: 047166782x.

[98] G.PETIAU, *La théorie des fonctions de bessel*, Centre national de la recherche scientifique, Ed., 1955.

[99] T. Cui, J. Chen, K.Wu, W. H. X. Chen, "Substrate Integrated Waveguide (SIW) Linear Phase Filter," *IEEE Microwave and Wireless Components Letters*, vol. 15, pp. 787-789, 2005.

[100] S. Tamiazzo., G.Macchiarella, "Design Techniques for Dual-Passband Filters," *IEEE Transactions on Microwave Theory and Techniques*, vol. 53, no. 11, pp. 3265-3271, Nov 2005.

[101] B. Potelon, E. Rius, C. Quendo, J-F. Favennec, H.Lebond, H. Yahi, J-L. Cazaux, A. El Mostrah, "C-Band Inductive Post SIW Alumina Filter for a Space Application. Experimental Analysis of the Thermal Bahavior," *APMC*, 2010.

[102] N. Raveu, G. Prigent, O. Pigaglio, H. Baudrand, K.Al-Abdullah, A.Ismail Alhzzoury, "Conception de Filtre SIW et étude de sensibilité par méthode

modale," *Journées Nationales Microondes*, Mai 2011.

[103] D. Deslandes and Ke Wu, "Integrated transition of coplanar to rectangular waveguides," *Microwave Symposium Digest, IEEE MTT-S International*, vol. 2, pp. 619-622, 2001.

[104] D. Deslandes and Ke Wu, "Single-substrate integration technique of planar circuits and waveguide filters," *Microwave Theory and Techniques, IEEE Transactions on*, vol. 51, no. 2, pp. 593- 596, 2003.

[105] D. Deslandes and Ke Wu, "Millimeter-wave substrate integrated waveguide filters," *Electrical and Computer Engineering, IEEE CCECE*, vol. 3, pp. 1917-1920, may 2003.

[106] Hongjun Tang, Yulin Zhang, and Wei Hong, "Realization of a Sub-harmonic mixer with a substrate integrated waveguide," *Wireless Communications and Applied Computational Electromagnetics, IEEE/ACES International Conference on*, pp. 779-782, April 2005.

[107] Hong. Wei, Chen. Jixin, Wu. Ke., Chen.Xiaoping, "Substrate integrated waveguide elliptic filter with high mode," *Microwave Conference Proceedings, APMC. Asia-Pacific Conference Proceedings*, Dec 2005.

[108] Wei Hong, Xiao-Ping Chen, Ji-Xin Chen, Ke Wu, Zhang-Cheng Hao, "A single-layer folded Substrate Integrated Waveguide (SIW) filter," *Microwave Conference Proceedings. APMC 2005. Asia-Pacific Conference Proceedings*, vol. 1, pp. 1-3, Dec 2005.

[109] Yu Yuanwei, Zhang Yong, Chen Chen, Jia ShiXing, Zhu Jian, "A high-Q microwave mems resonator," *Design, Test, Integration and Packaging of MEMS/MOEMS (DTIP)*, pp. 1-4, April 2007.

[110] A. Georgiadis, K. Wu, M. Bozzi, "Review of substrate-integrated waveguide circuits and antennas," *IET Microw. Antennas Propag*, vol. 5, no. 8, pp. 909-920, 2011.

[111] A. Taflove, J. A. Mix, and H. Heck. J. J. Simpson, "Computational and Experimental Study of a Microwave Electromagnetic Bandgap Structure With Wave guiding Defect for Potential Use as a Bandpass Wireless Interconnect," *IEEE Microwave & Wireless Components Letters*, vol. 14, pp. 343-345, 2004.

[112] O.Pigaglio, N. Raveu, *Résolution de problémes hautes fréquences par les*

schémas équivalents. Toulouse, France: Cépadués édition, 2012, ISBN: 978.2.36493.013.1.

[113] L. Harle and L.P.B., Katehi, "A silicon micromachined four-pole linear phase filter," *Microwave Theory and Techniques, IEEE Transactions on*, vol. 52, no. 6, pp. 1598-1607, June 2004.

[114] Xiao-Ping Chen and Ke., Wu., "Substrate integrated waveguide cross-coupled filter with negative coupling," *Microwave Theory and Techniques, IEEE Transactions on*, vol. 56, no. 1, pp. 142-149, Jan 2008.

[115] R. B., Hwang, "Side Wall Coupling Via-Hole Array Cavity Band-Pass Filter," *IEEE International Workshop*, pp. 36-39, April 2007.

[116] N. Raveu, O. Pigaglio, H. Baudrand., G. Prigent, "Design of waveguide bandpass filter in the X-frequency band," *Microwave Journal*, pp. 1-16, Jan 2008.

[117] G. Lopez, J. Alonso., G. Torregrosa, "A simple method to design Wide-band electronically tunable combiline filters," *IEEE Trans. Microwave Theory and Techniques*, vol. 50, no. 1, pp. 172-177, Jan 2002.

[118] U. Karacaoglu and Ian D., Robertson, "MMIC active bandpass filters using varactor-tuned negative resistance elements," *IEEE Trans. Microwave Theory and Techniques.*, vol. 43, pp. 2926-2932, Dec 1995.

[119] N. Raveu, O. Pigaglio, H. Baudrand,K. Al-Abdullah, A. I. Alhzzoury, "WCIP applied to Substrate Integrated Waveguide," *Progress In Electromagnetics Research C*, vol. 33, pp. 171-184, 2012.

[120] Bevan D. Bates, Kym.Jordan, "Nonradiative dielectric waveguide millimetre-wave integrated circuits," *Electronics research laboratory*, pp. 1-19, Jun 1990.

[121] K.Wu, F.Boone., "Guided-wave properties of synthesized nonradiative dielectric waveguide for substrate integrated circuits (SICs)," *Microwave Symposium Digest, IEEE MTT-S International*, vol. 2, pp. 723-726, 2001.

[122] Y. Wu, K., Cassivi, "Substrate integrated NRD (SINRD) guide in high dielectric constant substrate for millimetre wave circuits and systems," *Microwave Symposium Digest, IEEE MTT-S International*, vol. 3, pp. 1639-1642, Jun 2004.

[123] Y. Cassivi, K.Wu, "Substrate Integrated Nonradiative Dielectric

Waveguide," *IEEE Microwave and wireless components letters*, vol. 14, no. 3, pp. 89-91, March 2004.

[124] Y. Cassivi, K.Wu, "Substrate integrated circuits concept applied to the nonradiative dielectric guide," *IEE Proc.-Microw. Antennas Propag*, vol. 152, no. 6, pp. 424-433, Dec 2005.

[125] David M. Pozar, *Microwave Engineering (4th edition)*, John Wiley & Sons Ltd, Ed., 2011, ISBN: 978-0470631553.

[126] A. J. F. a. P. R. Young, "Integrated waveguide slot antennas," *Electron Lettre*, vol. 4, pp. 974-975, 2004.

[127] K. S. Yee, "Numerical Solution of Initial Boundary Values Problems involving Maxwell'Equations in isotropic Media," *Antennas and Propagation, IEEE Transactions on* , vol. 14, no. 3, pp. 302-307, May 1966.

[128] L. Giraud, H. Baudrand N. Raveu, "WCIP improvement through new iterative solution technique," *SCEE Toulouse-France*, septembre 2010.

[129] Maurizio Bozzi, "Substrate Integrated Waveguide (SIW): an Emerging Technology for Wireless Systems," *Proceedings of APMC 2012*, pp. 788-790, Dec 2012.

[130] A. Taflove, J. A. Mix, H. Heck J. J. Simpson, "Computational and Experimental Study of a Microwave Electromagnetic Bandgap Structure With Wave guiding Defect for Potential Use as a Bandpass Wireless Interconnect," *IEEE Microwave & Wireless Components Letters*, vol. 14, pp. 343-345, 2004.

[131] K. Wu, D. D. S. Germain, "Development of substrate integrated waveguide power dividers," *IEEE Canadian Electrical and Computer Engineering Conference*, vol. 3, pp. 1921-1924, 2003.

[132] D. Deslandes and Ke Wu, "Single substrate integration technique of planar circuits and waveguide filters," *IEEE Microwave Theory Tech*, vol. 51, pp. 593-596, 2003.

[133] W. D'Orazio, K. Wu, and J., Helszajn, "A substrate integrated waveguide degree-2 circulator," *IEEE Microwave Wireless Compon Lett*, vol. 14, pp. 207-209, 2004.

[134] Xun Gong et al., "Precision fabrication techniques and analysis on high-Q

evanescent-mode resonators and filters of different geometries," *Microwave Theory and Techniques, IEEE Transactions resonators and filters of different geometries*, vol. 52, no. 11, pp. 2557-2566, Nov 2004.

[135] M.J. Hill, R.W. Ziolkowski, and J., Papapolymerou, "Simulated and measured results from a Duroid-based planar MBG cavity resonator filter," *Microwave and Guided Wave Letters, IEEE*, vol. 10, no. 12, pp. 528-530, Dec 2000.

[136] L. Giraud, H. Baudrand, N. Raveu, "WCIP acceleration," *APMC Yokohama*, Dec 2010.

[137] L.Giraud, H. Baudrand, N. Raveu, "Accélération de la WCIP," *JNM*, Mai 2011.

[138] Ulf Schmid and W., Menzel, "Planar antenna arrays using a feed network with nonradiative dielectric (NRD) waveguide," *Antennas and Propagation, EuCAP 2006. First European Conference on*, pp. 1-4, Nov 2006.

[139] Ke. Wu, Feng. Xu, "Guided-wave and leakage characteristics of substrate integrated waveguide," *Microwave Theory and Techniques, IEEE Transactions on*, vol. 53, no. 1, pp. 66-73, Jan 2005.

[140] Wenquan Che, Y. L. Chow, "Successive SIW (Substrate Integrated Waveguides) Types for Width Reductions by Physical Reasoning and Formulas by Analytical (Use of) MoM," *IEEE Microwave & Millimeter Wave Technology*, pp. 1746-1749, 2008.

[141] Hong. Wei, Wu. Ke, Chen. Ji Xin, Tang. Hong Jun, Zhang. Yu Lin, "Novel substrate integrated waveguide cavity filter with defected ground structure," *Microwave Theory and Techniques, IEEE Transactions on*, vol. 53, no. 2, pp. 1280-1287, April 2005.

[142] J.A.G. Malherbe, "Nonradiative dielectric waveguide with perforated dielectric strip," *Electronics letters*, vol. 41, no. 4, pp. 1-2, February 2005.

[143] and J. Helszajn K. W. W. D'Orazio, "A substrate integrated waveguide degree-2 circulator," *IEEE Microwave and Wireless Components Letters*, vol. 14, no. 5, pp. 207-209, 2004.

[144] E., Bosisio, R. G., WU, K., Moldovan, "W-band multiport substrate-integrated waveguide circuits," *IEEE Trans. on Microwave Theory and*

Techniques, vol. 54, no. 2, pp. 625-632, 2006.

[145] Z. Hao, H. Li, K. Wu, W. H. J.X. Chen, "Development of a low cost microwave mixer using a broadband substrate integrated waveguide (SIW) coupler," *IEEE Microwave Wireless Compon Letter*, vol. 16, pp. 84-86, 2006.

ANNEXES

Annexe A : Calcul du produit scalaire pour le via carré

A partir de la relation Eq 2-38 :

$$\left\langle f_{pq,nm} \middle| H_v \right\rangle = A_0 \int_{\frac{d_x-L}{2}}^{\frac{d_x+L}{2}} e^{j(\alpha_p + \frac{2n\pi}{dx})x} dx * \int_{\frac{d_y-L}{2}}^{\frac{d_y+L}{2}} e^{j(\beta_q + \frac{2m\pi}{dy})y} dy \qquad (A.1)$$

calculer le terme A_0 dans l'équation $(A.1)$:

$$\left\langle H_v \middle| H_v \right\rangle = A_0^2 \int_{\frac{d_x-L}{2}}^{\frac{d_x+L}{2}} dx \int_{\frac{d_y-L}{2}}^{\frac{d_y+L}{2}} dy = A_0^2 L^2 = 1 \Rightarrow A_0 = \frac{1}{L} \qquad (A.2)$$

Où :

$$H_v = \begin{cases} A_0 & pour \quad x \in \left[\frac{d_x-L}{2}, \frac{d_x+L}{2}\right] et \quad y \in \left[\frac{d_y-L}{2}, \frac{d_y+L}{2}\right] \\ 0 & sinon \end{cases}$$

En substituant la valeur de A_0 dans $(A.1)$, en intégrant la formule obtenue est:

$$= \frac{1}{j*L*(\alpha_p + \frac{2n\pi}{d_x})*j(\beta_q + \frac{2m\pi}{d_y})}\left[\left(e^{j(\alpha_p + \frac{2n\pi}{d_x})(\frac{d_x+L}{2})} - e^{j(\alpha_p + \frac{2n\pi}{d_x})(\frac{d_x-L}{2})}\right)\left(e^{j(\beta_q + \frac{2m\pi}{d_y})(\frac{d_y+L}{2})} - e^{j(\beta_q + \frac{2m\pi}{d_y})(\frac{d_y-L}{2})}\right)\right]$$

$$= \frac{e^{j(\alpha_p + \frac{2n\pi}{d_x})(\frac{d_x}{2})} e^{j(\beta_q + \frac{2m\pi}{d_y})(\frac{d_y}{2})}}{\frac{L}{4}*(\alpha_p + \frac{2n\pi}{dx})*(\beta_q + \frac{2m\pi}{d_y})}\left[\left(\frac{e^{j(\alpha_p + \frac{2n\pi}{d_x})(\frac{L}{2})} - e^{-j(\alpha + \frac{2n\pi}{d_x})(\frac{L}{2})}}{2j}\right)\left(\frac{e^{j(\beta_q + \frac{2m\pi}{d_y})(\frac{L}{2})} - e^{-j(\beta_q + \frac{2m\pi}{d_y})(\frac{L}{2})}}{2j}\right)\right]$$

$$= \frac{L^2 * e^{j(\alpha_p d_x/2 + n\pi)} * e^{j(\beta_q d_y/2 + m\pi)}}{L} \frac{sin\left((\alpha_p + \frac{2n\pi}{d_x})\frac{L}{2}\right)}{(\alpha_p + \frac{2n\pi}{d_x})\frac{L}{2}} \frac{sin\left((\beta_q + \frac{2m\pi}{d_y})\frac{L}{2}\right)}{(\beta_q + \frac{2m\pi}{d_y})\frac{L}{2}}$$

$$= L * e^{j(\alpha_p d_x/2 + n\pi)} * e^{j(\beta_q d_y/2 + m\pi)} sinc\left((\alpha_p + \frac{2n\pi}{d_x})\frac{L}{2}\right) sinc\left((\beta_q + \frac{2m\pi}{d_y})\frac{L}{2}\right)$$

$Donc : \left|\left\langle f_{\alpha\beta,nm} \middle| H_v(x,y)\right\rangle\right|^2 = L^2 * sinc^2\left((\alpha_p + \frac{2n\pi}{d_x})\frac{L}{2}\right) sinc^2\left((\beta_q + \frac{2m\pi}{d_y})\frac{L}{2}\right)$

Annexe B : Calcul du produit scalaire pour le via circulaire sans variation angulaire

A partir de la relation Eq 2-38 :

$$\left\langle f_{pq,nm}|H_v\right\rangle = \frac{2}{L*\sqrt{\pi}}*\int_{-\frac{L}{2}}^{\frac{L}{2}} e^{j(\beta_q+\frac{2m\pi}{d_y})(y+\frac{d_y}{2})}*\left(\int_{-\sqrt{\frac{L^2}{4}-y^2}}^{\sqrt{\frac{L^2}{4}-y^2}} e^{j(\alpha_p+\frac{2n\pi}{d_x})(x+\frac{d_x}{2})}dx\right)dy \quad (B.1$$

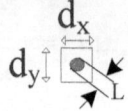

calculer le terme A_0 dans l'équation $(B.1)$:

$$\left\langle H_v|H_v\right\rangle = A_0^2\int_0^{\frac{L}{2}}\rho d\rho\int_0^{2\pi}d\theta = A_0^2\frac{L^2}{8}2\pi = 1 \Rightarrow A_0 = \frac{2}{L\sqrt{\pi}} \qquad (B.2)$$

Où :

$$H_v = \begin{cases} \dfrac{1}{\dfrac{L}{2}*\sqrt{\pi}} & pour \quad \rho\in[0,\frac{L}{2}], \quad \theta\in[0,2\pi] \\ 0 & sinon \end{cases}$$

En substituent la valeur de A_0 dans $(B.1)$ en intégrant la formule obtenue:

$$= \frac{2}{L*\sqrt{\pi}}*e^{j(\alpha_p+\frac{2n\pi}{d_x})\frac{d_x}{2}}*\int_{-\frac{L}{2}}^{\frac{L}{2}} e^{j(\beta_q+\frac{2m\pi}{d_y})(y+\frac{d_y}{2})}*\left(\int_{-\sqrt{\frac{L^2}{4}-y^2}}^{\sqrt{\frac{L^2}{4}-y^2}} e^{j(\alpha_p+\frac{2n\pi}{d_x})x}dx\right)dy$$

$$= \frac{2*e^{j(\alpha_p d_x/2+n\pi)}}{j*L*\sqrt{\pi}*(\alpha_p+\frac{2n\pi}{d_x})}\left[\int_{-\frac{L}{2}}^{\frac{L}{2}} e^{j(\beta_q+\frac{2m\pi}{d_y})(y+\frac{d_y}{2})}*\left(e^{j(\alpha_p+\frac{2n\pi}{d_x})(\sqrt{\frac{L^2}{4}-y^2})}-e^{-j(\alpha_p+\frac{2n\pi}{d_x})(\sqrt{\frac{L^2}{4}-y^2})}\right)dy\right]$$

$$= \frac{4*e^{j(\alpha_p d_x/2+n\pi)}}{L*\sqrt{\pi}*(\alpha_p+\frac{2n\pi}{d_x})}\left[\int_{-\frac{L}{2}}^{\frac{L}{2}} e^{j(\beta_q+\frac{2m\pi}{d_y})(y+\frac{d_y}{2})}*\left(\frac{e^{j(\alpha_p+\frac{2n\pi}{d_x})(\sqrt{\frac{L^2}{4}-y^2})}-e^{-j(\alpha_p+\frac{2n\pi}{d_x})(\sqrt{\frac{L^2}{4}-y^2})}}{2j}\right)dy\right]$$

$$= \frac{4*e^{j(\alpha_p d_x/2+n\pi)}}{L*\sqrt{\pi}*(\alpha_p+\frac{2n\pi}{d_x})}\int_{-\frac{L}{2}}^{\frac{L}{2}} \sin\left((\alpha_p+\frac{2n\pi}{d_x})(\sqrt{\frac{L^2}{4}-y^2})\right)*e^{j(\beta_q+\frac{2m\pi}{d_y})(y+\frac{d_y}{2})}dy$$

$$Donc:\left|\left\langle f_{pq,nm}|H_v\right\rangle\right|^2 = \frac{16}{L^2*\pi*(\alpha_p+\frac{2n\pi}{d_x})^2}\left[\int_{-\frac{L}{2}}^{\frac{L}{2}} \sin\left((\alpha_p+\frac{2n\pi}{d_x})(\sqrt{\frac{L^2}{4}-y^2})\right)*e^{j(\beta_q+\frac{2m\pi}{d_y})(y+\frac{d_y}{2})}dy\right]^2$$

Pour $\quad (\alpha + \dfrac{2n\pi}{dx}) = 0$

$$\left\langle f_{pq,nm} \middle| H_v \right\rangle = \frac{2}{L*\sqrt{\pi}} * \int\limits_{-\frac{L}{2}}^{\frac{L}{2}} e^{j(\beta_q + \frac{2m\pi}{d_y})(y + \frac{d_y}{2})} * \int\limits_{-\sqrt{\frac{L^2}{4} - y^2}}^{\sqrt{\frac{L^2}{4} - y^2}} e^{j(\alpha_p + \frac{2n\pi}{d_x})(x + \frac{d_x}{2})} \, dx \, dy$$

$Avec :\qquad e^{j(\alpha_p + \frac{2n\pi}{d_x})(x + \frac{d_x}{2})} = 1$

$$\left\langle f_{pq,nm} \middle| H_v \right\rangle = \frac{4}{L*\sqrt{\pi}} * \int\limits_{-\frac{L}{2}}^{\frac{L}{2}} e^{j(\beta_q + \frac{2m\pi}{d_y})(y + \frac{d_y}{2})} * \sqrt{\frac{L^2}{4} - y^2} \; dy$$

$$Donc : \left| \left\langle f_{pq,nm} \middle| H_v \right\rangle \right|^2 = \frac{16}{L^2 * \pi} * \left[\int\limits_{-\frac{L}{2}}^{\frac{L}{2}} e^{j(\beta_q + \frac{2m\pi}{d_y})(y + \frac{d_y}{2})} * \sqrt{\frac{L^2}{4} - y^2} \; dy \right]^2$$

Annexe C : Calcul du produit scalaire pour le via circulaire avec variation angulaire

A partir de la relation Eq 2-38, le calcul du produit scalaire pour le via circulaire avec variation angulaire est :

$$\chi_A = \left\langle f_{pq,nm} \middle| H_{ki} \right\rangle = \frac{2}{L * \sqrt{\pi}} * \int_0^{\frac{L}{2}} \int_0^{2*\pi} e^{j(\beta_q + \frac{2m\pi}{d_y})(\rho*\sin(\theta) + \frac{d_y}{2})} * e^{j(\alpha_p + \frac{2n\pi}{d_x})(\rho*\cos(\theta) + \frac{d_x}{2})} * e^{j*le*\theta} * \rho . d\theta . d\rho$$

Cette intégral est évaluée numériquement grâce à la fonction de MATLAB.

Annexe D : Analyse paramétrique du guide (Mur périodique et Mur magnétique)

D.1 Etude paramétrique

La présence des murs bornant le domaine d'étude est nécessaire à la création de la base modale pour la WCIP ces murs restent fictifs et ne doivent pas modifier la réponse physique par rapport au cas « ouvert ». Les murs périodiques et magnétiques vont dans ce sens. C'est ce que nous nous proposons de vérifier ici.

D.1.1 Mur périodique

On s'intéresse à la sensibilité aux conditions aux limites de type murs périodiques. Pour cela on ajoute des vias métalliques en haut et en bas (2 supplémentaires) comme représentés sur la les Figures D.1.

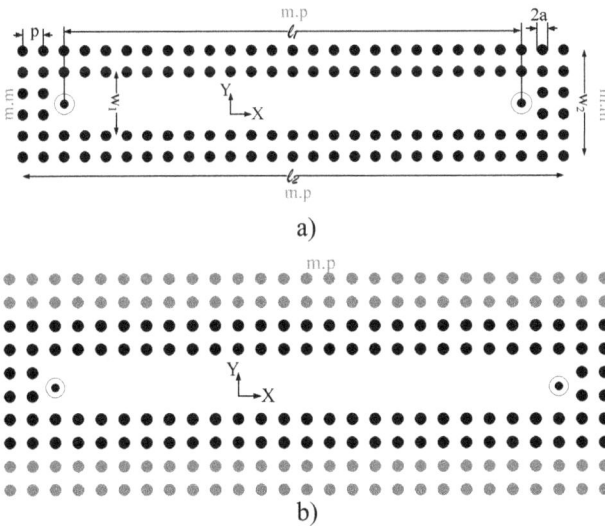

a)

b)

Figures D.1 Guide avec déplacement des murs périodiques a) guide initial b) guide avec modification de la position des murs périodiques.

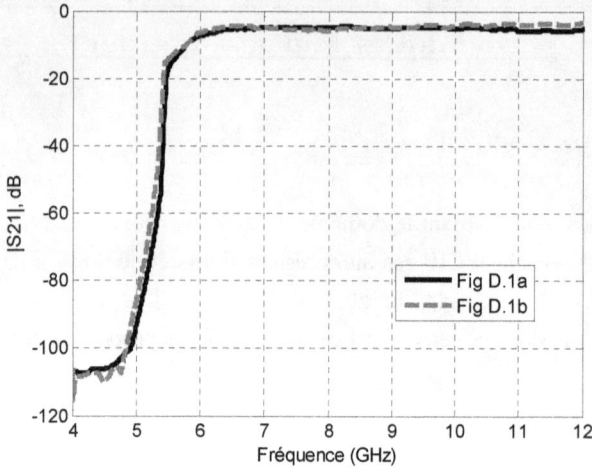

Figure D.2 Comparaison des coefficients de transmission avec déplacement des murs périodiques.

Pas de changement entre les courbes sur la Figure D.2, donc pas d'effet du déplacement des murs périodiques.

D.1.2 Mur magnétique

On s'intéresse à la sensibilité aux conditions aux limites de type murs magnétiques. Pour cela on ajoute des vias métalliques à droite et à gauche (2 supplémentaires) comme représenté sur les Figures D.3.

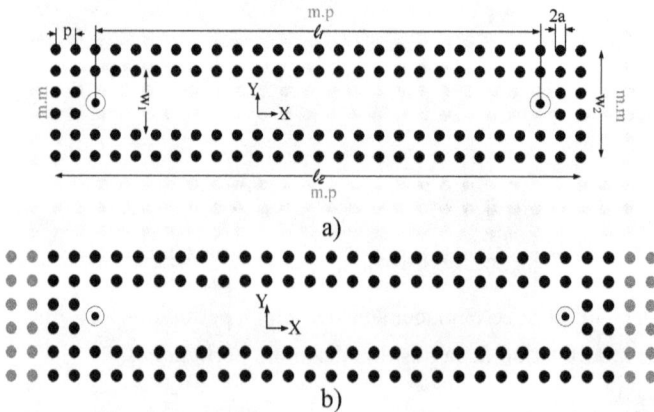

Figures D.3 Guide avec déplacement des murs magnétiques a) guide initial b) guide avec changement de la position des murs magnétiques.

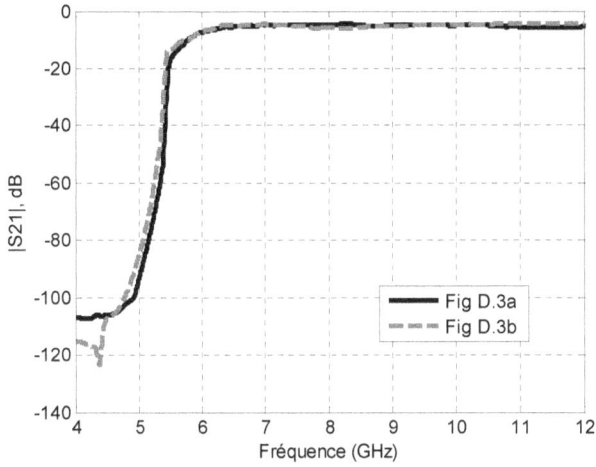

Figure D.4 Comparaison des coefficients de transmission avec déplacement des murs magnétiques.

Pas de changement entre les courbes de la Figure D.4, donc pas d'effet du déplacement des murs magnétiques.

PUBLICATIONS
SCIENTIFIQUES

Publications scientifiques

Articles dans des Revues internationales

A. Ismail Alhzzoury, N. Raveu, O. Pigaglio, H. Baudrand, and K. Al-Abdullah, "WCIP applied to substrate integrated waveguide," Progress In Electromagnetics Research C, Vol. 33, 171-184, 2012.

A. Ismail Alhzzoury, N. Raveu, G. Prigent, O. Pigaglio, H. Baudrand, K. Al-Abdullah, Substrate Integrated Waveguide Filter Design with Wave Concept Iterative Procedure, Microwave and Optical Technology Letters, Vol, 53, No. 12, 2939-2942, December 2011.

Conférences Internationales avec actes édités et comité de lecture

A. Ismail Alhzzoury, N. Raveu, G. Prigent, O. Pigaglio, H. Baudrand, K. Al-Abdullah, SIW Characterization Using WCIP , 13th International Conference on Microwave and High Frequency Heating. 5 - 8 September 2011.

A. Ismail Alhzzoury, N. Raveu, H. Baudrand, K. Al-Abdullah, SIW Angular variation in WCIP formulation: A New Model for SIW Circuits , 13th International Conference on Microwave and High Frequency Heating. 5 - 8 september 2011.

Conférences Nationales avec actes édités et comité de lecture

A. Ismail Alhzzoury, N. Raveu, H. Baudrand, K. Al-Abdullah, Caractérisation de circuits SIW par méthode modale, national Conference, 18èmes Journées Nationales Microondes, Paris, 14-17 mai 2013.

A. Ismail Alhzzoury, N. Raveu, G. Prigent, O. Pigaglio, H. Baudrand, K. Al-Abdullah, Conception de Filtre SIW et étude de sensibilité par méthode modale, national Conference, 17èmes Journées Nationales Microondes, Brest, 18-20 mai 2011.

Séminaires Nationales avec actes édités et comité de lecture

A. Ismail Alhzzoury, N. Raveu, H. Baudrand, Modal Model for SIW study. Application to the design of SIW bandpass filter, JOURNEE ED GEET, pp 1-3, 5 avril 2012.

www.ingramcontent.com/pod-product-compliance
Lightning Source LLC
Chambersburg PA
CBHW021057210326
41598CB00016B/1240